电网物资质量检测技术实务
线缆类物资

国网江苏省电力有限公司电力科学研究院　编著

内 容 提 要

《电网物资质量检测技术实务》丛书共有《线缆类物资》《材料类物资》《线圈类物资》《开关类物资》4个分册。

本书为《线缆类物资》分册，共分三章，详细介绍了电力电缆及架空电缆、复合材料芯架空导线、钢绞线及钢芯铝绞线共计3类电网物资的质量检测技术。

本书实用性强、覆盖面广，可供广大从事线缆类产品设计、制造、试验、运行等工程技术人员参考使用，同时对试验室专业检测人员也有很好的指导作用。

图书在版编目（CIP）数据

电网物资质量检测技术实务．线缆类物资／国网江苏省电力有限公司电力科学研究院编著．—北京：中国电力出版社，2021.6

ISBN 978-7-5198-5705-9

Ⅰ．①电… Ⅱ．①国… Ⅲ．①配电系统－电线－质量检验②配电系统－电缆－质量检验 Ⅳ．①TM727

中国版本图书馆CIP数据核字（2021）第108608号

出版发行：中国电力出版社
地　　址：北京市东城区北京站西街19号（邮政编码100005）
网　　址：http://www.cepp.sgcc.com.cn
责任编辑：王　南（010-63412876）
责任校对：黄　蓓　王海南
装帧设计：张俊霞
责任印制：石　雷

印　　刷：三河市万龙印装有限公司
版　　次：2021年6月第一版
印　　次：2021年6月北京第一次印刷
开　　本：787毫米×1092毫米　16开本
印　　张：14.25
字　　数：304千字
印　　数：0001—1000册
定　　价：95.00元

编 委 会

编 写 组

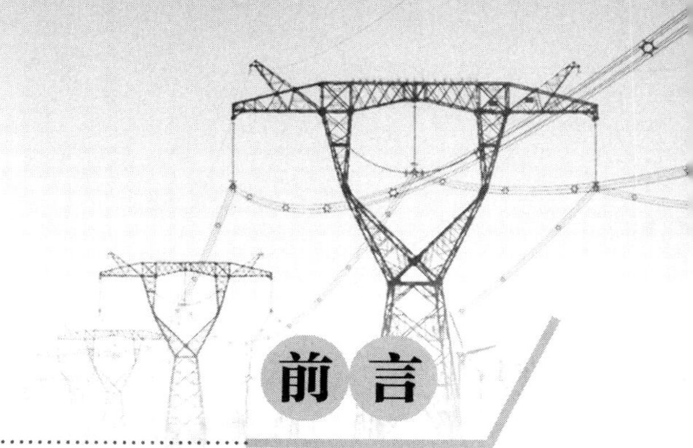

前言

近年来，随着电网物资质量检测覆盖的物资品类、检测项目日益增多，且从业检测人员也越来越多。各电网企业及许多电力用户均加大了电网物资质量的监督力度。如国家电网有限公司（简称国网公司）对入网物资提出了“三个百分百”（物资品类、批次、供应商百分百全覆盖）的抽检要求。经调研发现，目前电网物资质量检测领域缺乏全面系统的指导书籍，而少有的部分检测试验技术相关的书籍主要以检测试验原理、作业指导书为主，未对检测试验的试验准备、试验过程、试验结果评判、典型案例进行系统阐述，可借鉴意义不佳。因此，国网江苏省电力有限公司电力科学研究院结合最新电力系统物资质量水平及电网物资抽检的模式，从实际出发，根据电网物资采购技术规范的最新要求和实际抽检过程中频发的不合格情况、严重等级给出相关的指导说明，明确试验项目、试验方法、评判标准、典型案例分析等关键内容，组织编写了覆盖23类电网物资的《电网物资质量检测技术实务》丛书。

根据电网物资类别，本套丛书将23类电网物资归纳分类为《线缆类物资》《材料类物资》《线圈类物资》《开关类物资》4 个分册。本书为《线缆类物资》分册，共分三章，详细介绍了电力电缆及架空电缆、复合材料芯架空导线、钢绞线及钢芯铝绞线三类电网物资的质量检测技术。

本套丛书实用性强、覆盖面广，适用于广大从事电气设备产品设计、制造、试验、运行等工程技术人员，同时对试验室专业检测人员有很好的指导作用。

本套丛书在编写过程中得到了江苏省产品质量监督检验研究院的大力支持，为丛书编制提供了大量的帮助，在此，向他们表示由衷的感谢！

由于编者水平有限，书中难免有疏漏、不妥或错误之处，恳请广大读者给予批评指正。

编　者

2021年3月

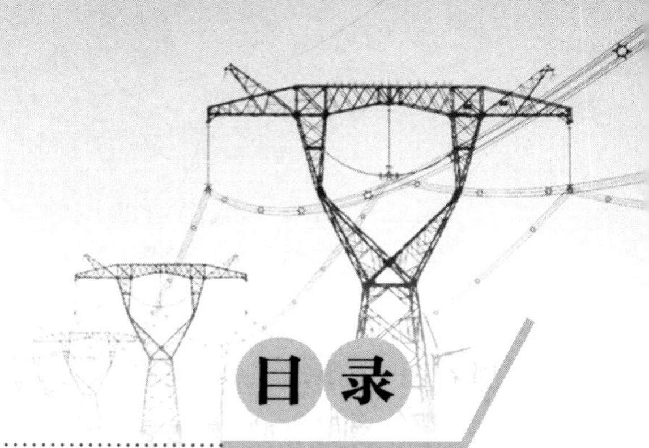

目录

第一章 电力电缆及架空电缆

电力电缆主要用于电力传输和分配，可以是单芯电缆也可以是多芯电缆，常见的结构组件有导体、绝缘、填充、内衬层、铜带屏蔽、隔离套、金属铠装、外护套等，用于城市地下电网、发电站引出线路、水下输电线路等场合；架空绝缘电缆主要用于架设在杆塔上的输电线路，一般为单芯电缆，额定电压1kV的绝缘架空电缆一般由导体和绝缘组成，额定电压10、20kV的绝缘架空电缆一般由导体、导体屏蔽、绝缘、绝缘屏蔽组成。

本书推荐和涉及的检测依据标准如下（标准未注明年号，均以最新为准）。

GB/T 2951.11《电缆和光缆绝缘和护套材料通用试验方法 第11部分：通用试验方法—厚度和外形尺寸测量—机械性能试验》

GB/T 2951.12《电缆和光缆绝缘和护套材料通用试验方法 第12部分：通用试验方法—热老化试验方法》

GB/T 2951.13《电缆和光缆绝缘和护套材料通用试验方法 第13部分：通用试验方法—密度测定方法—吸水试验—收缩试验》

GB/T 2951.14《电缆和光缆绝缘和护套材料通用试验方法 第14部分：通用试验方法—低温试验》

GB/T 2951.21《电缆和光缆绝缘和护套材料通用试验方法 第21部分：弹性体混合料专用试验方法—耐臭氧试验—热延伸试验—浸矿物油试验》

GB/T 2951.31《电缆和光缆绝缘和护套材料通用试验方法 第31部分：聚氯乙烯混合料专用试验方法—高温压力试验—抗开裂试验》

GB/T 2951.32《电缆和光缆绝缘和护套材料通用试验方法 第32部分：聚氯乙烯混合料专用试验方法—失重试验—热稳定性试验》

GB/T 3048.4《电线电缆电性能试验方法 第4部分：导体直流电阻试验》

GB/T 3048.5《电线电缆电性能试验方法 第5部分：绝缘电阻试验》

GB/T 3048.7《电线电缆电性能试验方法 第7部分：耐电痕试验》

GB/T 3048.8《电线电缆电性能试验方法 第8部分：交流电压试验》

GB/T 3048.11《电线电缆电性能试验方法 第11部分：介质损耗角正切试验》

GB/T 3048.12《电线电缆电性能试验方法　第 12 部分：局部放电试验》

GB/T 3048.13《电线电缆电性能试验方法　第 13 部分：冲击电压试验》

GB/T 3048.14《电线电缆电性能试验方法　第 14 部分：直流电压试验》

GB/T 3956《电缆的导体》

GB/T 4909.3《裸电线试验方法　拉力试验》

GB/T 5023.1《额定电压 450/750V 及以下聚氯乙烯绝缘电缆　第 1 部分：一般要求》

GB/T 5023.2《额定电压 450/750V 及以下聚氯乙烯绝缘电缆　第 2 部分：试验方法》

GB/T 5023.3《额定电压 450/750V 及以下聚氯乙烯绝缘电缆　第 3 部分：固定布线用无护套电缆》

GB/T 5169.14《电工电子产品着火危险试验　第 14 部分：试验火焰 1kV 标称预混合型火焰装置、确认试验方法和导则》

GB/T 6995.1《电线电缆识别方法　第 1 部分：一般规定》

GB/T 6995.3《电线电缆识别标志方法　第 3 部分：电线电缆识别标志》

GB/T 6995.5《电线电缆识别标志方法　第 5 部分：电力电缆绝缘线芯识别标志》

GB/T 9330.1《塑料绝缘控制电缆　第 1 部分：一般规定》

GB/T 9330.2《塑料绝缘控制电缆　第 2 部分：聚氯乙烯绝缘和护套控制电缆》

GB/T 9330.3《塑料绝缘控制电缆　第 3 部分：交联聚乙烯绝缘控制电缆》

GB/T 11091《电缆用铜带》

GB/T 12527《额定电压 1kV 及以下架空绝缘电缆》

GB/T 12706.1《额定电压 1kV（U_m=1.2kV）到 35kV（U_m=40.5kV）挤包绝缘电力电缆及附件　第 1 部分：额定电压 1kV（U_m=1.2kV）和 3kV（U_m=3.6kV）电缆》

GB/T 12706.2《额定电压 1kV（U_m=1.2kV）到 35kV（U_m=40.5kV）挤包绝缘电力电缆及附件　第 2 部分：额定电压 6kV（U_m=7.2kV）到 30kV（U_m=36kV）电缆》

GB/T 14049《额定电压 10kV 架空绝缘电缆》

GB/T 18380.11《电缆和光缆在火焰条件下的燃烧试验　第 11 部分：单根绝缘电线电缆火焰垂直蔓延试验试验装置》

GB/T 18380.12《电缆和光缆在火焰条件下的燃烧试验　第 12 部分：单根绝缘电线电缆火焰垂直蔓延试验　1kW 预混合型火焰试验方法》

GB/T 18380.13《电缆和光缆在火焰条件下的燃烧试验　第 13 部分：单根绝缘电线电缆火焰垂直蔓延试验　测定燃烧的滴落（物）/微粒的试验方法》

GB/T 18380.31《电缆和光缆在火焰条件下的燃烧试验　第 31 部分：垂直安装的成束电线电缆火焰垂直蔓延　试验试验装置》

GB/T 18380.32《电缆和光缆在火焰条件下的燃烧试验　第 32 部分：垂直安装的成束电线电缆火焰垂直蔓延试验　AF/R 类》

GB/T 18380.33《电缆和光缆在火焰条件下的燃烧试验　第 33 部分：垂直安装的成束

电线电缆火焰垂直蔓延试验　A 类》

GB/T 18380.34《电缆和光缆在火焰条件下的燃烧试验　第 34 部分：垂直安装的成束电线电缆火焰垂直蔓延试验　B 类》

GB/T 18380.35《电缆和光缆在火焰条件下的燃烧试验　第 35 部分：垂直安装的成束电线电缆火焰垂直蔓延试验　C 类》

GB/T 18380.36《电缆和光缆在火焰条件下的燃烧试验　第 36 部分：垂直安装的成束电线电缆火焰垂直蔓延试验　D 类》

GB/T 19666《阻燃和耐火电线电缆通则》

GB/T 32502《复合材料芯架空导线》

JB/T 4278.15《橡皮塑料电线电缆试验仪器设备检定方法　第 15 部分：成束燃烧试验装置》

《国家电网公司总部　配网标准化物资固化技术规范书　1kV 架空绝缘导线（9906-500027443-00001）》

YB/T 024《铠装电缆用钢带》

第一节　结构尺寸测量

一、试验概述

1. 试验目的

电缆外形尺寸可包括电缆的绝缘厚度、偏心度、护套厚度、外径、椭圆度等参数。绝缘厚度过小或最薄处厚度过小会影响绝缘的机械强度和电气强度，护套厚度过小会影响电缆的机械强度，同时外形尺寸也会影响电缆的接头制作和安装敷设。同时，电缆外形尺寸测量也可以作为其他试验如机械性能试验过程中的一个步骤。

2. 试验依据

GB/T 2951.11—2008《电缆和光缆绝缘和护套材料通用试验方法　第 11 部分：通用试验方法　厚度和外形尺寸测量　机械性能试验》

3. 主要参数及定义

t_m：最小厚度，mm。

t_n：标称厚度，mm。

t_a：平均厚度，mm。

二、试验前准备

1. 试验装备与环境要求

测量时应采用读数显微镜或放大倍数至少 10 倍的投影仪，两种装置读数均应至 0.01mm。当测量绝缘厚度小于 0.5mm 时，则小数点后第三位数为估计读数。有争议时，应采用读数显微镜测量作为基准方法。

电力电缆及架空线电缆结构尺寸测量仪器设备如表 1-1 所示。

表 1-1 电力电缆及架空线电缆结构尺寸测量仪器设备

仪器设备名称	参数及精度要求
投影仪	放大倍数：≥10 倍 测量误差：≤0.01mm *X* 轴：0～250mm *Y* 轴：0～150mm *Z* 轴：0～100mm 调焦行程：80
读数显微镜	物镜倍数：0.63～5× 目镜倍数：10× 总放大倍数：6.3～50× 物镜视场范围：12～22mm 目镜视场直径：ϕ20mm

试样预处理：试验应在绝缘和护套料挤出或硫化（或交联）后存放至少 16h 方可进行。除非另有规定，任何试验前，所有试样应在温度（23±5）℃下至少保持 3h。

试验温度：除非另有规定，试验应在环境温度下进行。抽检试验时推荐采用（23±5）℃。

2. 试验前的检查

（1）检查设备，使用玻璃细纹尺进行设备自校，测量误差不应大于 0.004mm，否则不得开展试验。检查设备的放大倍数。

（2）检查样品，确认样品应无残缺、截面无明显变形、试片均匀，否则应重新制取样品。

三、试验过程

1. 试验原理和接线

在绝缘或护套上沿着与导体轴线相垂直的平面切取薄片试样，薄片试样的示例如图 1-1 所示。使用放大倍数至少 10 倍的投影仪或读数显微镜测量薄片试样厚度，薄片试样的投影示例如图 1-2 所示。

2. 试验方法

（1）根据 GB/T 2951.11—2008 中第 8.1 条规定，绝缘厚度测量应从绝缘上去除所有护层，抽出导体和隔离层（若有）。小心操作以免损坏绝缘，内外半导电层若与绝缘粘连在一起，则不必去掉。

每一试件由一绝缘薄片组成，应用适当的工具沿着与导体轴线相垂直的平面切取薄片。

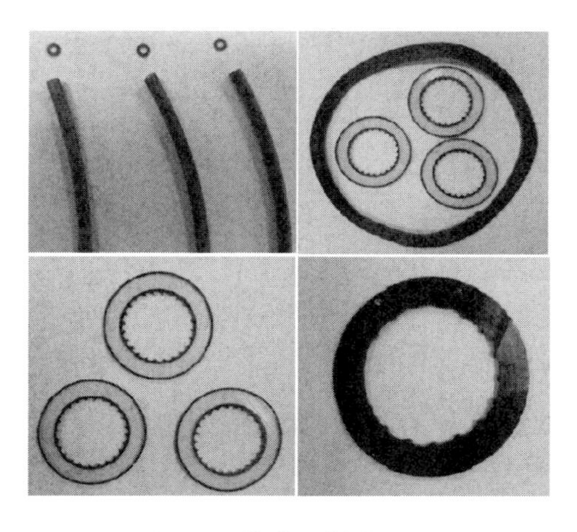

图 1-1　薄片试样的示例

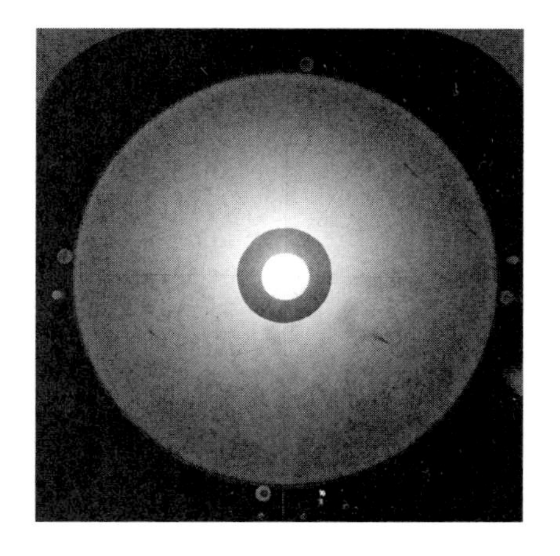

图 1-2　薄片试样的投影示例

无护套扁平软线的线芯不应分开。如果绝缘上有压印标记凹痕，则会使该处厚度变薄，因此试件应取包含该标记的一段。

测量时，将试件至于装置的工作面上，切割面与光轴垂直。

当试件内侧为圆形时，应按图 1-3 径向测量 6 点。如果是扇形绝缘线芯，则按图 1-4 测量 6 点。

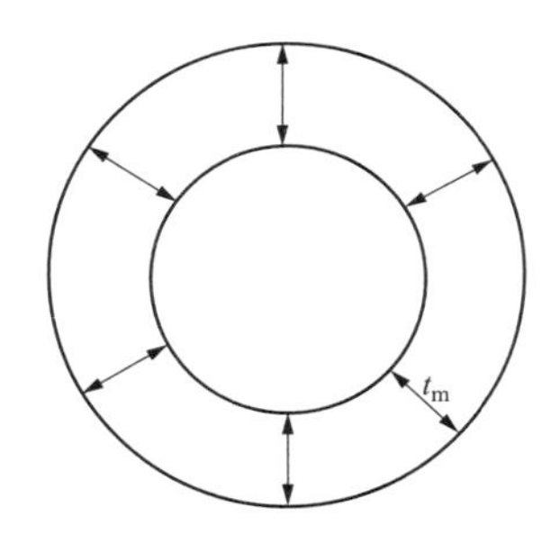

图 1-3　绝缘和护套厚度测量（圆形内表面）

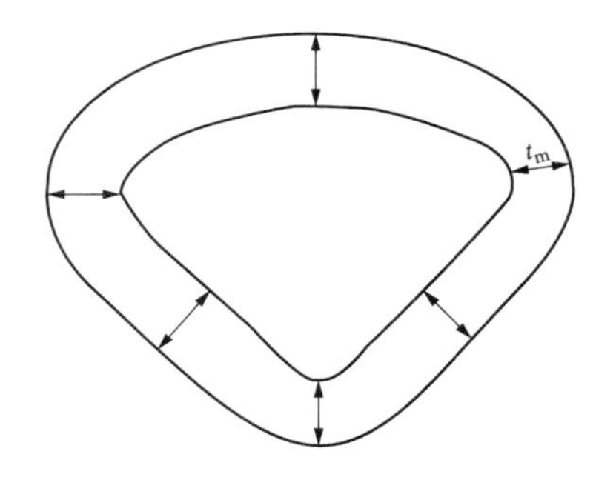

图 1-4　绝缘厚度（扇形导体）

当绝缘是从绞合导体上截取时，应按图 1-5 径向测量 6 点。

当绝缘内外均有不可去除的屏蔽层时，屏蔽层厚度应从测量值中减去，当不透明绝缘内外均有不可除去的屏蔽层时，应使用读数显微镜测量。

如果绝缘试件包括压印标记凹痕，则该处绝缘厚度不应用来计算平均厚度。但在任何情况下，压印标记凹痕处的绝缘厚度应符合有关电缆产品标准中规定的最小值。

若规定的绝缘厚度为 0.5mm 及以上时，读数应测量到小数点后两位（以 mm 计）；若规定的绝缘厚度小

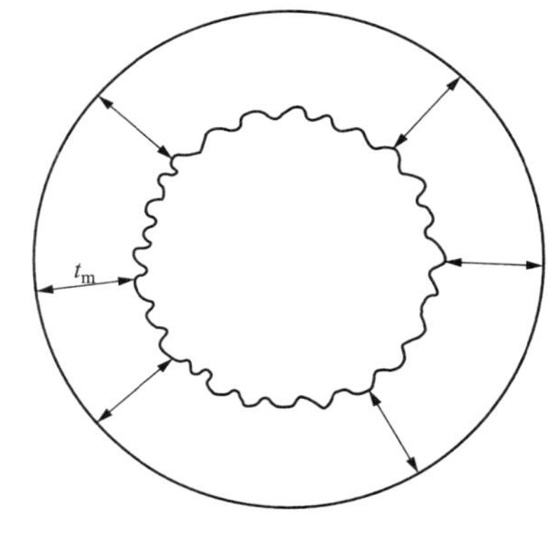

图 1-5　绝缘厚度测量（绞合导体）

于 0.5mm 时，则读数应测量到小数点后三位，第三位为估计数。

（2）根据 GB/T 2951.11—2008 中第 8.2 条规定，非金属护套厚度测量用试样制备时应去除护套内外所有元件，用一适当的工具沿垂直于电缆轴线的平面切取薄片。如果护套上有压印标记凹痕，则会使该处厚度变薄，因此试件应取包含该标记的一段。

测量时，将试件置于测量装置工作面上，切割面与光轴垂直。

当试件内侧为圆形时，应按图 1-3 径向测量 6 点。

如果试样的内圆表面实质上是不规整或不光滑的，则应按图 1-6 径向测量 6 点。

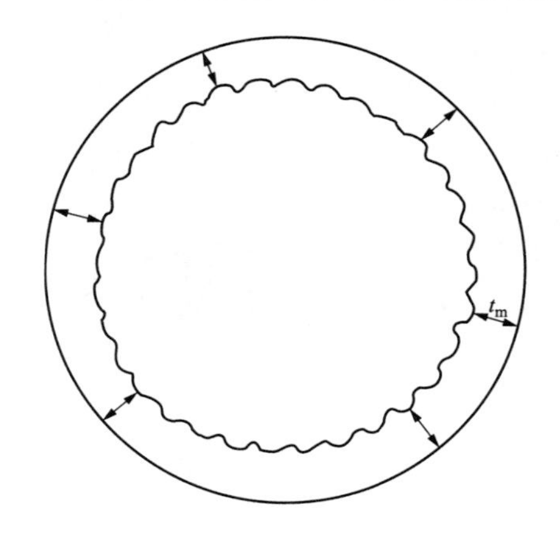

图 1-6 护套厚度测量（不规整内表面）

如果护套试样包括压印标记凹痕，则该处厚度不应用来计算平均厚度。但在任何情况下，压印标记凹痕处的护套厚度应符合有关电缆产品标准中规定的最小值。

读数应到小数点后两位（以 mm 计）。

根据 GB/T 2951.11—2008 中第 8.3 的规定，软线和电缆的外径不超过 25mm 时，用测微计、投影仪或类似的仪器在互相垂直的两个方向上分别测量；外径超过 25mm 时，应用测量带测量其圆周长，计算直径，也可用能直接读数的测量带测量。

四、注意事项

（1）绝缘厚度测量时，在任何情况下，第一次测量应在绝缘最薄处进行。

（2）护套厚度测量时，在任何情况下，应有一次测量在护套最薄处进行。

（3）10kV 的架空绝缘导线绝缘厚度测量时，推荐采用投影仪反射法进行测量。

五、试验后的检查

（1）检查原始记录信息，如环境温度、空气相对湿度、试验条件、试验数据等。

（2）试验结束后，应将试样薄片妥善保存，如放置在塑料自封袋内。

（3）对于不合格的样品，可采取原样复测的方式，对试样薄片进行测试。

六、结果判定

GB/T 12706—2008 对绝缘、护套厚度的规定如表 1-2 所示。

GB/T 5023.3—2008 中对绝缘厚度的规定如表 1-3 所示。

GB/T 14049—2008 中对绝缘厚度的规定如表 1-4 所示。

表 1-2 GB/T 12706—2008 对绝缘、护套厚度的规定

产品标准	绝缘			护套	
				无铠装电缆的非金属护套和不直接包覆在铠装、金属屏蔽或同心导体上的电缆外护套	直接包覆在铠装、金属屏蔽或同心导体上的电缆外护套（隔离套）
	平均厚度 t_a（mm）	最小厚度 t_m（mm）	偏心度	最小厚度	最小厚度
GB/T 12706.1—2008	$t_a \geqslant t_n$	$t_m \geqslant 0.9t_n-0.1$	—	$t_m \geqslant 0.85t_n-0.1$	$t_m \geqslant 0.8t_n-0.2$
GB/T 12706.2—2008	—	$t_m \geqslant 0.9t_n-0.1$	≤0.15	$t_m \geqslant 0.85t_n-0.1$	$t_m \geqslant 0.8t_n-0.2$
GB/T 12706.3—2008	—	$t_m \geqslant 0.9t_n-0.1$	≤0.15	$t_m \geqslant 0.85t_n-0.1$	$t_m \geqslant 0.8t_n-0.2$

注 t_n是标称厚度，单位 mm。

表 1-3 GB/T 5023.3—2008 中对绝缘厚度的规定

序号	导体标称截面积（mm^2）	导体类型	绝缘厚度规定值（mm）
1	1.5	1	0.7
2	1.5	2	0.7
3	2.5	1	0.8
4	2.5	2	0.8
5	4	1	0.8
6	4	2	0.8
7	6	1	0.8
8	6	2	0.8
9	10	1	1.0
10	10	2	1.0
11	16	2	1.0
12	25	2	1.2
13	35	2	1.2
14	50	2	1.4
15	70	2	1.4
16	95	2	1.6
17	120	2	1.6
18	150	2	1.8
19	185	2	2.0
20	240	2	2.2
21	300	2	2.4
22	400	2	2.6

注 绝缘厚度平均值不应小于绝缘厚度规定值，绝缘最薄处厚度不应小于规定值的 90%减去 0.1mm。

表 1-4　　　　GB/T 14049—2008 中对绝缘厚度的规定

序号	导体标称截面积（mm^2）	绝缘标称厚度（mm）		绝缘屏蔽层标称厚度（mm）
		薄绝缘	普通绝缘	
1	10	—	3.4	—
2	16	—	3.4	—
3	25	2.5	3.4	1.0
4	35	2.5	3.4	1.0
5	50	2.5	3.4	1.0
6	70	2.5	3.4	1.0
7	95	2.5	3.4	1.0
8	120	2.5	3.4	1.0
9	150	2.5	3.4	1.0
10	185	2.5	3.4	1.0
11	240	2.5	3.4	1.0
12	300	2.5	3.4	1.0
13	400	2.5	3.4	1.0

注　1．绝缘厚度平均值不应小于标称值，绝缘最薄处厚度不应小于标称值的 90%减去 0.1mm。

2．绝缘屏蔽层厚度平均值不小于标称值，绝缘屏蔽层最薄处厚度不应小于标称值的 90%减去 0.1mm。

GB/T 12527—2008 中对绝缘厚度的规定如表 1-5 所示。

表 1-5　　　　GB/T 12527—2008 中对绝缘厚度的规定

序号	导体标称截面积（mm^2）	铜芯架空绝缘电缆		铝芯、铝合金芯架空绝缘电缆	
		绝缘标称厚度（mm）	电缆平均外径最大值（mm）	绝缘标称厚度（mm）	单根线芯标称平均外径最大值（mm）
1	10	1.0	6.5	1.0	6.5
2	16	1.2	8.0	1.2	8.0
3	25	1.2	9.4	1.2	9.4
4	35	1.4	11.0	1.4	11.0
5	50	1.4	12.3	1.4	12.3
6	70	1.4	14.1	1.4	14.1
7	95	1.6	16.5	1.6	16.5
8	120	1.6	18.1	1.6	18.1
9	150	1.8	20.2	1.8	20.2
10	185	2.0	22.5	2.0	22.5
11	240	2.2	25.6	2.2	25.6
12	300	—	—	2.2	27.2
13	400	—	—	2.2	30.7

注　绝缘厚度的平均值不应小于标称值，绝缘最薄处厚度不应小于标称值的 90%减去 0.1mm。

GB/T 9330.1—2008 中对绝缘厚度的规定如表 1-6 所示。

表 1-6　GB/T 9330.1—2008 中对绝缘厚度的要求

序号	导体标称截面积（mm^2）	绝缘标称厚度（mm）	
		PVC	XLPE
1	0.5	0.6	—
2	0.75	0.6	0.6
3	1	0.6	0.6
4	1.5	0.7	0.6
5	2.5	0.8	0.7
6	4	0.8	0.7
7	6	0.8	0.7
8	10	1.0	0.7

注　绝缘厚度的平均值不应小于标称值，绝缘最薄处厚度不应小于标称值的 90%减去 0.1mm。

GB/T 9330.1—2008 中对护套厚度的规定如表 1-7 所示。

表 1-7　GB/T 9330.1—2008 中对护套厚度的要求

挤包护套前假定外径 d（mm）	护套标称厚度（mm）	挤包护套前假定外径 d（mm）	护套标称厚度（mm）
$d \leqslant 10$	1.2	$25 < d \leqslant 30$	2.0
$10 < d \leqslant 16$	1.5	$30 < d \leqslant 40$	2.2
$16 < d \leqslant 25$	1.7	$40 < d \leqslant 60$	2.5

注　1. 铠装型电缆护套的最小标称厚度不应小于 1.5mm，最薄处厚度不应小于标称值的 80%减去 0.2mm。
　　2. 非铠装型电缆护套厚度平均值不应小于规定的标称厚度，其最薄处厚度不应小于标称值的 85%减去 0.1mm。

七、案例分析

1. 案例概况

型号规格为 ZC-YJV22-0.6/1 4×240，开展绝缘厚度测量项目，绝缘最薄处厚度不合格。

2. 不合格现象描述

绝缘厚度测量，要求绝缘平均厚度不小于 1.7mm，绝缘最薄处厚度不小于 1.43mm。测量结果，红色线芯绝缘平均厚度为 1.8mm，绝缘最薄处厚度为 1.36mm，原样复测绝缘最薄处厚度结果为 1.36mm，重新取样复测绝缘最薄处厚度为 1.35mm。

3. 不合格原因分析

（1）绝缘偏心，导致偏心度大，最薄处厚度小。造成绝缘偏心的原因可能是在生产时选用的模具不当，导体晃动厉害或者在绝缘挤出之前没有进行偏心度调整。

（2）导体表面凸起，导致绝缘厚度在该处减小。

（3）生产时绝缘层未充分冷却，收线时张力过大，造成绝缘变形，导致部分厚度变小。

第二节　编　织　密　度

一、概述

1．试验目的

屏蔽层的主要作用是用来屏蔽控制电缆受到的外界影响。因为控制电缆传输的是信号，受外界影响、波动较大，故添加了屏蔽保护层。编织密度是判断控制电缆金属屏蔽是否符合要求的重要指标。

2．试验依据

GB/T 9330.1—2008《塑料绝缘控制电缆　第 1 部分：一般规定》

GB/T 9330.2—2008《塑料绝缘控制电缆　第 2 部分：聚氯乙烯绝缘和护套控制电缆》

GB/T 9330.3—2008《塑料绝缘控制电缆　第 3 部分：交联聚乙烯绝缘控制电缆》

3．主要参数及定义

m：编织机同一方向的锭数。

d：编织铜线的直径，mm。

L：编织节距，mm。

D：编织层的节圆直径，mm。

n：每锭的编织线根数。

P：编织层覆盖密度，%。

p：单向覆盖系数。

二、试验前准备

1．试验装备与环境要求

电力电缆及架空电缆编织密度测试仪器设备如表 1-8 所示。

表 1-8　电力电缆及架空电缆编织密度测试仪器设备

仪器设备名称	参数及精度要求
钢直尺	最小刻度：0.5mm；测量范围：0～500mm
游标卡尺	分度值：0.01mm
千分尺	分度值：0.001mm

试验时，一般在室温下进行，建议温度（20±10）℃，湿度（50±20）%。

2．试验前的检查

（1）检查钢直尺、千分尺、游标卡尺的计量日期是否有效。

（2）检查钢直尺刻度是否清晰完整，检查千分尺和游标卡尺是否归零。

三、试验方法

（1）截取足够长度的试样，剥除屏蔽层外的结构，保证屏蔽层两端不松散，用游标卡尺或其他测量工具测量编织节距（L），测量五处节距距离，求其平均值作为编织节距。

（2）编织层的节圆直径（D）：用纸带法在试样的三处测量屏蔽层外的周长，每处相隔不少于20cm，然后进行计算。

（3）测量编织铜线的直径：测量五根铜线直径，计算平均值作为编织铜线的直径。推荐保留三位小数。

四、注意事项

（1）每锭根数需仔细清点。

（2）测量节距的时候，要保证试样平直，节距不能标记错，标记后应进行确认核对无误后，再进行测量。

（3）轻轻划开护套，露出屏蔽，防止用力过大，损伤屏蔽表面，造成节距变动。制取样品时，推荐保留两端的护套，防止编织屏蔽松动，影响测量结果。

五、试验后的检查

（1）检查原始记录信息，如环境温度、空气相对湿度、试验条件、试验数据等。

（2）检查确认总锭数、每锭根数，编织铜线直径、屏蔽层周长测量是否正确。

（3）确认计算公式无误，确认计算结果正确。

六、结果判定

编织层覆盖密度为

$$P=(2p-p^2)\times100 \tag{1-1}$$

式中　P——编织层覆盖密度，%；

p——单向覆盖系数。

$$p=\frac{m\times n\times d}{\pi\times D}\left(1+\frac{\pi^2\times D^2}{L^2}\right)^{1/2} \tag{1-2}$$

式中　D——编织层的节圆直径，mm；

d——编织铜线的直径，mm；

m——编织机同一方向的锭数；

n——每锭的编织线根数；

L——编织节距；mm。

七、案例分析

1. 案例概况

型号规格为 WDZA-KYJYP-450/750 7×2.5，额定电压为 450/750V 的交联聚乙烯绝缘聚烯烃护套编织屏蔽无卤低烟阻燃 A 类控制电缆，测试项目为编织密度，试验方法标准为 GB/T 9330.1—2008。

要求屏蔽编织密度（%）≥80。

2. 不合格现象描述

金属丝编织整体外观完好，初次测试锭子总数 16、五根编织铜线的直径的平均值 0.146mm、编织层的节圆直径 7.76mm、编织节距 23.46mm、每锭的编织线根数 7，计算得出编织密度 73%，复测结果锭子总数 16、五根编织铜线的直径的平均值 0.146mm、编织层的节圆直径 7.77mm、编织节距 23.48mm、每锭的编织线根数 7，计算得出编织密度 73%。两次测试结果均小于 80，试验结果为不合格。

3. 不合格原因分析

（1）编织前假定直径计算错误，导致选择编织铜线的标称直径有误。

（2）编织前直径过大，选择的锭子总数不能满足要求。

（3）没有完全按照生产工艺进行编织，例如，工艺要求用 24 锭的，实际编织用 16 锭等。

（4）生产编织之前，对编织铜线直径未进行测量，选择了较小的铜线。

第三节　金属铠装尺寸

一、概述

1. 试验目的

铠装层的作用是防止和承受各种机械力，其中钢带铠装主要是防止来自径向的外力破坏。钢带的厚度和包带间隙是判断电缆金属铠装是否符合要求的重要指标。

2. 试验依据

GB/T 12706.1—2008《额定电压 1kV（U_m=1.2kV）到 35kV（U_m=40.5kV）挤包绝缘电力电缆及附件　第 1 部分：额定电压 1kV（U_m=1.2kV）和 3kV（U_m=3.6kV）电缆》

GB/T 12706.2—2008《额定电压 1kV（U_m=1.2kV）到 35kV（U_m=40.5kV）挤包绝缘电力电缆及附件　第 2 部分：额定电压 6kV（U_m=7.2kV）到 30kV（U_m=36kV）电缆》

YB/T 024—2008《铠装电缆用钢带》

3. 主要参数及定义

包带间隙：包带间隙是钢带单层绕包的前后之间的间隙部分。

包带平均间隙与钢带宽度之比，%：包带平均间隙除以钢带的宽度。

二、试验前准备

1. 试验装备与环境要求

金属铠装尺寸测试仪器设备如表 1-9 所示。

表 1-9　　金属铠装尺寸测试仪器设备

仪器设备名称	参数及精度要求
钢直尺	最小刻度：0.5mm 测量范围：0～500mm
游标卡尺	分度值：0.01mm
千分尺	分度值：0.001mm

试验时，一般在室温下进行，建议温度（20±10）℃，湿度（50±20）%。

2. 试验前的检查

（1）检查钢直尺、千分尺、游标卡尺的计量日期是否有效。

（2）检查钢直尺刻度是否清晰完整，检查千分尺和游标卡尺是否归零。

三、试验方法

（1）铠装金属带的测量：应使用具有两个直径为 5mm 平测头、精度为±0.01mm 的千分尺进行测量。对带宽为 40mm 及以下的金属带应在宽带中央测其厚度；对更宽的带子应在距其每一边缘 20mm 处测量，取其平均值厚度。

（2）包带间隙：包带间隙是钢带单层绕包的前后之间的间隙部分，推荐用游标卡尺的内测量脚测量钢带的间隙距离，推荐取三处测量，保留两位小数。

（3）钢带宽度测量：将处理平整的钢带放于桌面，推荐采用钢直尺测量其宽度，推荐保留整数。

（4）包带平均间隙与钢带宽度之比（%）：测得的三次包带间隙宽度的平均值即为平均间隙宽度，平均间隙宽度除以钢带的宽度即包带平均间隙与钢带宽度之比。

四、注意事项

（1）成品电缆护套破开时，应保持钢带不松散，包带间隙应在所取样段上测量钢带，不能取出钢带测量，以免钢带松散影响检测数据。

（2）钢带测量厚度时，应处理平整。推荐采用：用木槌在木板上轻轻敲击钢带，直至钢带平整的方法进行处理钢带平整。

五、试验后的检查

（1）检查原始记录信息，如环境温度、空气相对湿度、试验条件、试验数据等。

（2）检查测量数据的准确性。

六、结果判定

（1）钢带标称厚度为：0.2、0.5、0.8mm，金属带低于标称厚度的量值不应超过 10%，即铠装金属带的最小厚度不应小于标称厚度的 90%。若标称厚度为 0.5mm 时，最小厚度不应小于 0.45mm。

（2）金属带铠装应螺旋绕包 2 层，使外层金属带的中线大致在内层金属带间隙上方，包带间隙不应大于金属带宽度的 50%。

七、案例分析

1. 案例概况

型号规格为 YJV22-8.7/15 3×50 的额定电压为 8.7/15kV 的交联聚乙烯绝缘钢带铠装聚氯乙烯护套电力电缆，测试项目为钢带厚度，试验方法标准为 GB/T 12706.2—2008《额定电压 1kV（U_m=1.2kV）到 35kV（U_m=40.5kV）挤包绝缘电力电缆及附件　第 2 部分：额定电压 6kV（U_m=7.2kV）到 30kV（U_m=36kV）电缆》。

要求钢带最薄处厚度不小于 0.45mm。

2. 不合格现象描述

钢带表面完整，千分尺校准正常，钢带的宽度为 40mm，初次测量厚度为 0.304mm，复测结果为 0.302mm。两次测量结果均小于 0.45mm。

3. 不合格原因分析

（1）生产时，假定直径计算错误，导致选择铠装金属带的标称厚度有误。

（2）没有完全按照生产工艺进行铠装，例如，工艺要求用 0.5mm 厚的钢带，实际生产时选用的 0.3mm 厚的钢带。

（3）生产铠装之前，对铠装金属带厚度未进行测量，选择了较小厚度的金属带。

第四节　金属屏蔽铜带尺寸

一、概述

1. 试验目的

铜带屏蔽应由一层重叠绕包的软铜带组成，也可采用双层铜带间隙绕包，起到屏蔽电场的作用。铜带的厚度和搭盖率是判断电缆金属屏蔽是否符合要求的重要指标。

2. 试验依据

GB/T 12706.1—2008《额定电压 1kV（U_m=1.2kV）到 35kV（U_m=40.5kV）挤包绝缘电力电缆及附件　第 1 部分：额定电压 1kV（U_m=1.2kV）和 3kV（U_m=3.6kV）电缆》

GB/T 12706.2—2008《额定电压 1kV（U_m=1.2kV）到 35kV（U_m=40.5kV）挤包绝缘电力电缆及附件　第 2 部分：额定电压 6kV（U_m=7.2kV）到 30kV（U_m=36kV）电缆》

GB/T 11091—2014《电缆用铜带》

3. 主要参数及定义

（1）铜带搭盖，mm：铜带重叠绕包的宽度。

（2）铜带最小搭盖率，%：取三个测量值的最小值。

（3）铜带平均搭盖率，%：取三个测量值的算术平均值。

（4）铜带搭盖率，%：铜带重叠绕包的宽度与铜带整个宽度的比值。

二、试验前准备

1. 试验装备与环境要求

金属屏蔽铜带尺寸测试仪器设备如表 1-10 所示。

表 1-10　　金属屏蔽铜带尺寸测试仪器设备

仪器设备名称	参数及精度要求
钢直尺	最小刻度：0.5mm 测量范围：0～500mm
游标卡尺	分度值：0.01mm
千分尺	分度值：0.001mm

试验时，一般在室温下进行，建议温度（20±10）℃，湿度（50±20）%。

2. 试验前的检查

（1）截取一段电缆，剥开外护套，去除钢带和填充（若有），取出带有铜带绕包的绝缘线芯，检查铜带是否有划伤。

（2）用钢带剪从带有铜带绕包的绝缘线芯上截取一段铜带，用手将铜带扳平，将其平整放于桌面，注意检查不应有褶皱或者凸起凹落。

（3）检查钢直尺、千分尺、游标卡尺的计量日期是否有效。

三、试验方法

铜带厚度测量：推荐采用千分尺进行测量，取 3 位小数。测量时铜带应处理平整。

铜带搭盖率测量：

（1）取一段包含铜带屏蔽层的 30cm 长的样品，在样品两端采取胶带或其他合适材料进行绑扎，防止铜带松散。

（2）在样品上铜带搭盖的印迹处，间隔约 10cm 用细记号笔划线进行标记，共标记三处，并标识 1、2、3，以便溯源。

（3）松开两端的绑扎物，小心将铜带从线芯上剥下，注意剥的过程中不能使铜带变形。

（4）用游标卡尺进行测量，分别测量三处标记处铜带的总宽度及搭盖部分宽度，结果保留两位小数。

四、注意事项

（1）测量用的游标卡尺应定期检定，测量前进行调“零”。

（2）在铜带未松散的状态下用细笔进行标记，选取印痕较为明显的部位，以减小测量误差。

五、试验后的检查

（1）检查原始记录信息，如环境温度、空气相对湿度、试验条件、试验数据等。

（2）检查测试结果和计算结果的准确性。

六、结果判定

（1）铜带标称厚度为：

单芯电缆不小于 0.12mm。

三芯电缆不小于 0.10mm。

铜带的最小厚度不应小于标称值的 90%。

（2）铜带间的平均搭盖率不应小于 15%（标称值），其最小搭盖率不应小于 5%。

七、案例分析

案例

1. 案例概况

型号规格为 YJV22-8.7/15 3×400，额定电压为 8.7/15kV 的交联聚乙烯绝缘钢带铠装聚氯乙烯护套电力电缆，测试项目为铜带厚度，试验方法标准为 GB/T 12706.2—2008。

要求铜带最薄处厚度不应小于 0.09mm。

2. 不合格现象描述

铜带表面完整，千分尺校准正常，初次测量厚度为 0.081mm，复测结果为 0.082mm。两次测量结果均小于 0.09mm。

3. 不合格原因分析

（1）生产之前未测量铜带厚度或者明知厚度不符合要求，仍继续使用。

（2）绕包铜带时张力过大，没有调整到合适的距离。

（3）在生产铜带时厚度不均匀。

第五节　成缆结构检查

一、概述

1. 试验目的

目测检查单丝根数、用与大拇指比较的方法判定最外层绞合方向是否符合要求，用直尺测量绞合节距和节径比是否符合要求。本试验属型式试验项目。

2. 试验依据

GB/T 3956—2008《电缆的导体》

GB/T 9330.1—2008《塑料绝缘控制电缆　第 1 部分：一般规定》

GB/T 9330.3—2008《塑料绝缘控制电缆　第 3 部分：交联聚乙烯绝缘控制电缆》

3. 主要参数及定义

（1）绞合节距：单线沿绞线轴线旋转一周所前进的距离。

（2）绞向：电缆某一部件相对于电缆纵轴的旋转方向。

二、试验前准备

1. 试验装备与环境要求

成缆结构检查测试仪器设备如表 1-11 所示。

表 1-11　　成缆结构检查测试仪器设备

仪器设备名称	参数及精度要求
直尺	测量范围：0～500mm 精度：0.5mm

2. 试验前的检查

（1）检查钢直尺的计量标贴，确保设备在有效的计量周期内。

（2）检查试样的导体有没有断裂，缺股、断股现象。

三、试验过程

1. 试验原理和接线

绞合节距推荐采用钢直尺进行测量。

绞合方向测量：把一根电缆放垂直，如果线芯方向是“\”就是左向，如果线芯方向是“/”就是右向。

2. 试验方法

取足够长度试样，剥除护套、屏蔽、铠装等结构，露出成缆线芯测量绞合节距，根据绞合节距和绞合外径计算节径比。之后剥除试样的绝缘目测导体单丝根数。

四、注意事项

（1）在剥除其他结构时，应注意不能使绞合节距产生变化。以免影响检测数据的真实性。

（2）检查软导体根数，剥除绝缘时应保证软导体不断裂。

五、试验后的检查

（1）检查原始记录信息，如环境温度、空气相对湿度、试验条件、试验数据等。

（2）检查单丝根数、最外层绞合方向、绞合节距测量的准确性。

（3）当出现不合格现象时应进行拍照留存，照片中应能明显体现不合格的情况。

六、结果判定

导体单线根数应符合标准要求规定、绞合方向应为右向。绞合节距为：固定敷设用的硬结构电缆不应大于绞合外径的 20 倍，移动场合用的软电缆不应大于绞合外径的 16 倍。

成缆结构检查测试标准判定依据如表 1-12 所示。

表 1-12　　成缆结构检查测试标准判定依据

序号	试验项目	不合格现象	结果判定依据
1	单丝根数	第 1 种实心导体：根数大于 1 根 第 2 种绞合导体（非紧压圆形）：小于 7 根 第 2 种绞合导体（紧压圆形）：小于 6 根	第 1 种实心导体：根数等于 1 根 第 2 种绞合导体（非紧压圆形）：最少 7 根 第 2 种绞合导体（紧压圆形）：最少 6 根
2	最外层绞合方向	左向	右向
3	绞合节距	固定敷设用的硬结构电缆大于绞合外径的 20 倍，移动场合用的软电缆大于绞合外径的 16 倍	固定敷设用的硬结构电缆不应大于绞合外径的 20 倍，移动场合用的软电缆不应大于绞合外径的 16 倍

七、案例分析

案例

1. 案例概况

WDZC-KYJY 450/750V 27×1.0 的样品导体根数、成缆绞合方向和成缆绞合节距不符合 GB/T 9330.3—2008 规定要求。

2. 不合格现象描述

单丝根数不符合标准规定、最外层绞合左向、绞合节距超出标准规定要求。

3. 不合格原因分析

（1）未按标准要求生产或未按工艺要求生产。

（2）导体类型选用错误。

（3）生产设备的绞向选择错误。

第六节　标　志　检　查

一、概述

1. 试验目的

标志检查就是对电缆表面所有印字进行清晰度、耐擦性作出确认，还要对印字内容完整性作出确认，如：制造厂名、产品型号、额定电压的连续标志等是否缺失。是判断电缆表面印字是否符合要求的重要依据。

2. 试验依据

GB/T 5023.1—2008《额定电压450/750V及以下聚氯乙烯绝缘电缆　第1部分：一般要求》

GB/T 5023.2—2008《额定电压450/750V及以下聚氯乙烯绝缘电缆　第2部分：试验方法》

GB/T 6995.1—2008《电线电缆识别方法　第1部分：一般规定》

GB/T 6995.3—2008《电线电缆识别方法　第3部分：电线电缆识别标志》

GB/T 6995.4—2008《电线电缆识别方法　第4部分：电气装备电线电缆绝缘线芯识别标志》

GB/T 9330.2—2008《塑料绝缘控制电缆　第2部分：聚氯乙烯绝缘和护套控制电缆》

3. 主要参数及定义

（1）产地标志和电缆识别：电缆应有制造厂名、产品型号和额定电压的连续标志，厂名标志可以是制造厂名或商标的重复标志。

（2）标志的连续性：一个完整标志的末端与下一个标志的始端之间的距离。

（3）耐擦性：印刷标志应耐擦。

（4）清晰度：所有标志应字迹清楚。

二、试验前准备

1. 试验装备与环境要求

标志检查仪器设备如表1-13所示。

表1-13　　标志检查仪器设备

仪器设备名称	参数及精度要求
钢直尺	最小刻度：0.5mm 测量范围：0～500mm

试验时，一般在室温下进行，建议温度（20±10）℃，湿度（50±20）%。

2. 试验前的检查

检查测试样品的表面，应无附着物、污秽、油垢、泥土等，否则会覆盖该处印字完整。

三、试验方法

标志检查试验方法如表 1-14 所示。

表 1-14　　标志检查试验方法

试验依据	标志内容	标志间距	标志耐擦性	标志清晰
GB/T 5023.1—2008 GB/T 5023.2—2008	电缆应有制造厂名、产品型号和额定电压的连续标志，厂名标志可以是标志识别线或者是制造厂名或商标的重复标志	一个完整标志的末端与下一个标志的始端之间的距离。在电缆外护套上应不超过 550mm。在下列电缆的绝缘或包带上应不超过 275mm：a）无护套电缆的绝缘；b）有护套电缆的绝缘；c）护套电缆里面的包带	应用浸过水的一团脱脂棉或一块棉布轻轻地擦拭制造厂名或商标、绝缘线芯颜色或数字标志，共擦拭 10 次，然后目力检查	所有标志应字迹清晰。 目测
GB/T 6995.1—2008 GB/T 6995.3—2008 GB/T 6995.4—2008	GB/T 12706 要求：成品电缆的护套表面应有制造厂名称、产品型号及额定电压的连续标志。GB/T 14049 要求：成品电缆的表面应有制造厂名称、产品型号及额定电压的连续标志 GB/T 12527 要求：成品电缆的护套表面应有制造厂名、型号或制造厂名、型号、截面和电压的连续标志	一个完整标志的末端与下一个标志的始端之间的距离。在绝缘或者是护套上不超过 500mm；在刮胶带、隔离带、绝缘带或标志带上，不超过 200mm	应用浸过水的一团脱脂棉或一块棉布轻轻地擦拭制造厂名或商标、绝缘线芯颜色或数字标志，共擦拭 10 次，然后目力检查	所有标志应字迹清晰。 目测
GB/T 9330.2—2008	电缆应有制造厂名、产品型号和额定电压的连续标志，厂名标志可以是制造厂名或商标的重复标志	一个完整标志的末端与下一个标志的始端之间的距离。在电缆外护套上不应超过 550mm；在电缆绝缘或包带上应不超过 275mm	应用浸过水的一团脱脂棉或一块棉布轻轻地擦拭制造厂名或商标、绝缘线芯颜色或数字标志，共擦拭 10 次，然后目力检查	所有标志应字迹清晰。 目测

四、注意事项

（1）在检查表面印字时应注意样品印字的字体，记录时要和印刷字体一致。

（2）在检查标志内容时，应将全部内容如实记录，不得少写、错写。

（3）在测试样品标志间距时，样品应该保持平直，不应出现扭曲、缠绕。

（4）在擦拭表面印字时，注意轻轻发力，避免用劲过多。

五、试验后的检查

（1）检查原始记录信息，如环境温度、空气相对湿度、试验条件、试验数据等。

（2）检查钢直尺的计量日期是否有效。

（3）检查钢直尺刻度是否清晰、完整。

（4）检查样品表面是否有附着物、污秽、油垢、泥土等，应及时清除。

六、结果判定

标志检查试验结果判定依据如表 1-15 所示。

表 1-15　　标志检查试验结果判定依据

序号	试验项目	不合格现象	结果判定依据
1	标志内容	缺漏	电缆应有制造厂名、产品型号和额定电压的连续标志，厂名标志可以是标志识别线或者是制造厂名或商标的重复标志
2	标志间距	超过规定的最大距离	1. GB/T 5023.1—2008 在电缆外护套上不应超过 550mm。在下列电缆的绝缘或包带上不应超过 275mm：a）无护套电缆的绝缘；b）有护套电缆的绝缘；c）护套电缆里面的包带。 2. GB/T 6995.1—2008、GB/T 6995.3—2008、GB/T 6995.4— 2008 一个完整标志的末端与下一个标志的始端之间的距离。在绝缘或者是护套上不超过 500mm；在刮胶带、隔离带、绝缘带或标志带上，不超过 200mm。 3. GB/T 9330.1—2008 一个完整标志的末端与下一个标志的始端之间的距离。在电缆外护套上不应超过 550mm；在电缆绝缘或包带上不应超过 275mm
3	标志耐擦	不耐擦，字体容易脱落	应用浸过水的一团脱脂棉或一块棉布轻轻地擦拭制造厂名或商标、绝缘线芯颜色或数字标志，共擦拭 10 次，然后目力检查
4	标志清晰度	印字模糊	所有标志应字迹清晰。 目测

七、案例分析

案例一

1. 案例概况

型号规格为 60227 IEC 01（BV）450/750V 1×2.5 的一般用途单芯硬导体无护套电缆，测试项目为标志连续性，试验方法标准为 GB/T 5023.1—2008。

要求标志间距≤275mm。

2. 不合格现象描述

样品表面完整印字，末端为电压等级 450/750V，下一个标志的始端为厂名，初次测量间距为 284mm，复测结果为 285mm。

3. 不合格原因分析

（1）不理解标准，未按标准要求进行印刷。

（2）生产时未测量标志连续性。

（3）生产人员不知道标准要求，也未按照工艺要求生产或者工艺制订有误。

案例二

1. 案例概况

型号规格为 KVVRP-450/750　4×1.5 的聚氯乙烯绝缘聚氯乙烯护套编织屏蔽控制软电

缆，测试项目为标志耐擦，试验方法标准为 GB/T 9330.2—2008。

要求油墨印字标志应耐擦。

2. 不合格现象描述

样品表面完整印字，在用浸水脱脂棉擦拭后，字迹消失，无法辨识。

3. 不合格原因分析

油墨材料质量不佳在喷到护套表面上后，没有牢固；油墨与该种护套材料可能发生化学反应，造成字迹不稳固，达不到擦拭要求。

第七节　导体直流电阻

一、概述

1. 试验目的

导体直流电阻试验主要考核电缆导体 20℃时单位长度的直流电阻值，是判断电缆导体截面积是否符合要求的重要依据，直接影响到电缆的导电性能。

2. 试验依据

GB/T 3048.4—2007《电线电缆电性能试验方法　第 4 部分：导体直流电阻试验》

GB/T 3956—2008《电缆的导体》

3. 主要参数及定义

R_{20}：20℃时每公里长度电阻值，Ω/km。

R_x：t℃时 L 长电缆的实测电阻值，Ω。

t：测量时的导体温度，℃。

L：试样的测量长度（成品电缆的长度），m。

α_{20}：导体材料 20℃时的电阻温度系数，1/℃。

二、试验前准备

1. 试验装备与环境要求

导体直流电阻试验仪器设备如表 1-16 所示。

表 1-16　导体直流电阻试验仪器设备

仪器设备名称	参数及精度要求
直流双臂电桥	测量误差：≤0.5% 测量范围：10^{-6}～10^{2}Ω
水银温度计	最小刻度：0.1℃ 测量范围：0～50℃

试验环境温度：型式试验时，试样应在温度为15～25℃和空气湿度不大于85%的试验环境中放置足够长的时间，在试样放置和试验过程中，环境温度的变化应不超过±1℃。使用最小刻度0.1℃的温度计测量环境温度，温度计距离地面不应少于1m，距离墙面不应少于10cm，距离试样不应超过1m，且两者应大致在同一高度，并应避免受到热辐射和空气对流的影响（GB/T 3048.4—2007第5.5.1条规定）。抽检时的环境温度建议参考型式试验时的要求。

2. 试验前的检查

（1）检查与夹具连接处的导体表面，应无附着物、污秽、油垢、氧化层，否则会增加该处的接触电阻，导致测试结果不准确。

（2）检查实验室环境温湿度，若不符合环境要求，不能开展试验，应重新调节温湿度后将样品放置足够长的时间。

（3）试验前用标准电阻进行检测设备校准。

三、试验过程

1. 试验原理和接线

按照GB/T 3048.4—2007第3章规定，测试用的电桥可以是携带式电桥或试验室专用的固定式电桥，型式试验时电阻测量误差不应超过±0.5%，也可使用除电桥以外的其他仪器。抽检试验时电阻测量误差建议不应超过±0.5%。电桥原理图如图1-7所示。

当被测电阻小于1Ω时，应尽可能采用专用的四端测量夹具进行接线，四端夹具的外侧一对为电流电极，内侧一对为电位电极，电极接触应由相当锋利的刀刃构成且互相平行，均垂直于试样。每个电位接点与对应的电流接点之间的间距不应小于试样断面周长的1.5倍。

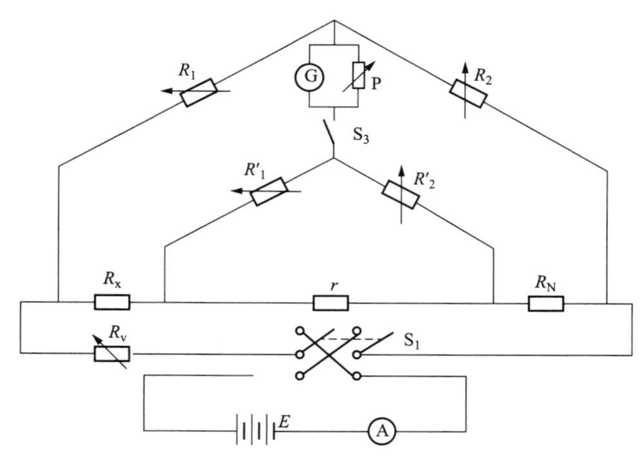

图1-7 电桥的原理图

A—电流表；R_v—变阻器；E—直流电压；R_1、R'_1、R_2、R'_2—电桥桥臂电阻；G—检流计；R_x—被测电阻；P—分流器；S_1—直流电源开关；R_N—标准电阻；S_3—检流计开关；r—跨线电阻

2. 试验方法

（1）按照 GB/T 3048.4—2007 第 4 章规定，应从被试电线电缆上切取长度不小于 1m 的试样。一般情况下，电桥夹具上两电位电极之间的距离即被测导体长度为 1m。

（2）去除试样导体外表面绝缘、护套或其他覆盖物，也可以只去除试样两端与测量系统相连部位的覆盖物、露出导体。

（3）大截面铝导体推荐采用的试样长度为：导体截面积 95～185mm^2，取 3m；导体截面积 240mm^2 及以上，取 5m。有争议时，导体截面积 185mm^2 及以下，取 5m；导体截面积 240mm^2 及以上，取 10m。测量铝导体电阻，推荐采用两端头压接。铝导体端部压接示例如图 1-8 所示。

图 1-8　铝导体端部压接示例

（4）按照 GB/T 3048.4—2007 第 5 章规定，采用双臂电桥或其他电阻测试仪器测量时，用四端测量夹具或四个夹头连接被测试样。绞合导体的全部单线应可靠地与测量系统的电流夹头相连接。导体与测试系统夹头连接示例如图 1-9 所示。

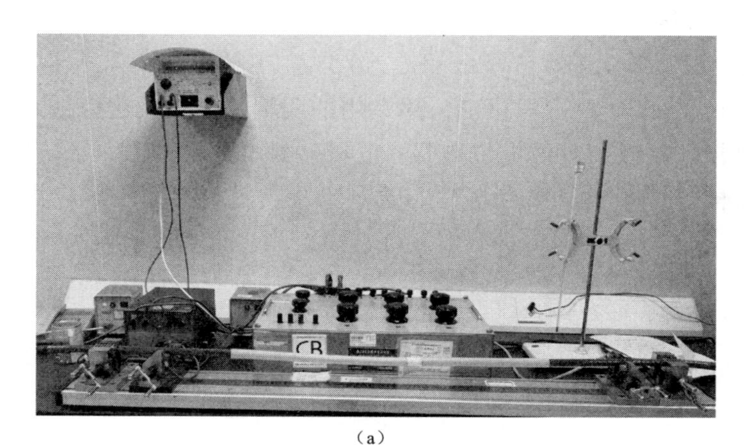

（a）

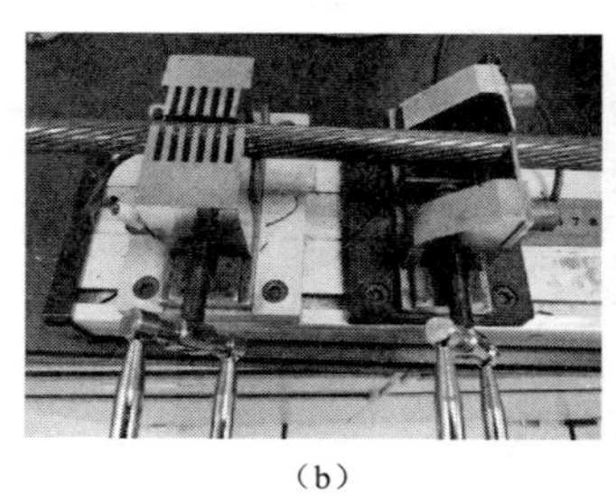

（b）

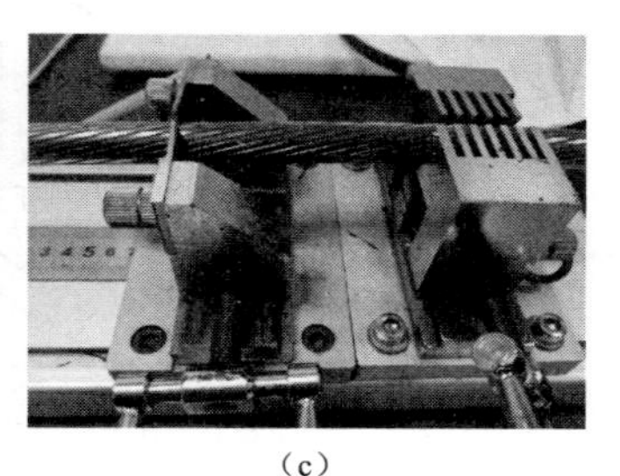

（c）

图 1-9　导体与测试系统夹头连接示例

（a）直流双臂电桥；（b）左导体夹具；（c）右导体夹具

型式试验时电阻测量误差不应超过±0.5%。抽检试验时推荐采用电阻测量误差不应超过±0.5%的双臂电桥。

试样长度应在双臂电桥的一对电位夹头之间的试样上测量。型式试验和抽检试验长度测量误差均应不超过±0.15%。

当试样的电阻小于0.1Ω时，应注意消除由于接触电势和热电势引起的测量误差。应采用电流换向法，读取一个正向读数和一个反向读数，取算术平均值；或采用平衡点法（补偿法），检流计接入电路后，在电流不闭合的情况下调零，达到闭合电流时检流计上基本观察不到冲击。

（5）计算公式

$$R_{20}=\frac{R_x}{1+\alpha_{20}(t-20)}\times\frac{1000}{L} \tag{1-3}$$

式中 R_{20}——20℃时每公里长度电阻值，Ω/km；

R_x——t℃时 L 长电缆的实测电阻值，Ω；

α_{20}——导体材料20℃时的电阻温度系数，1/℃；

t——测量时的导体温度（环境温度），℃；

L——试样的测试长度（成品电缆的长度，而不是去但跟我绝缘线芯的长度，m。

四、注意事项

（1）若需要将试样拉直，不应有任何导致试样导体横截面发生变化的扭曲，也不应导致试样导体伸长。

（2）试样制备过程中，去除导体外表面绝缘、护套或其他覆盖物时应小心进行，防止损伤导体，不应出现导体断裂、导体划痕、导体受压变形等情况。

（3）试样与电桥夹具连接处表面的氧化层应尽可能除尽。如用试剂处理后，必须用水充分清洗以清除试剂的残留液。对于阻水型导体试样，应采用低熔点合金浇注，或采用其他适用的方法。

五、试验后的检查

（1）检查原始记录信息，如环境温度、空气相对湿度、试验条件、试验数据等。

（2）检查测试过程中的环境温度变化，不应超过1℃，否则应重新试验。

（3）检查测试后导体表面与系统连接处，不应出现导体受压开裂或断裂，否则应重新取样试验。

六、结果判定

20℃时每种导体的电阻值不应超过表1-17～表1-20规定的相应的最大值。

表 1-17　　单芯和多芯电缆用第 1 种实心导体

标称截面积（mm^2）	20℃时导体最大电阻（Ω/km）		
	圆形退火铜导体		铝导体和铝合金导体，圆形或成型③
	不镀金属	镀金属	
0.5	36.0	36.7	—
0.75	24.5	24.8	—
1.0	18.1	18.2	—
1.5	12.1	12.2	—
2.5	7.41	7.56	—
4	4.61	4.70	—
6	3.08	3.11	—
10	1.83	1.84	3.08①
16	1.15	1.16	1.91①
25	0.727②	—	1.20①
35	0.524②	—	0.868①
50	0.387②	—	0.641
70	0.268②	—	0.443
95	0.193②	—	0.320④
120	0.153②	—	0.253④
150	0.124②	—	0.206④
185	0.101②	—	0.164④
240	0.0775②	—	0.125④
300	0.0620②	—	0.100④
400	0.0465②	—	0.0778
500	—	—	0.0605
630	—	—	0.0469
800	—	—	0.0367
1000	—	—	0.0291
1200	—	—	0.0247

① 为仅 10～35mm^2 圆形铝导体。

② 为实心铜导体应为圆形截面积。

③ 为对于具有与铝导体相同标称截面积的实心铝合金导体，表中给出的电阻可乘以系数 1.162，除非制造方和买方另有规定。

④ 为对于单芯电缆，四根扇形成型导体可以组合成一根圆形导体。该组合导体的最大电阻值应为单根构件导体的 25%。

表 1-18　　　　**单芯和多芯电缆用第 2 种绞合导体**

标称截面积（mm^2）	导体的最少单线数量						20℃时导体最大电阻（Ω/km）		
	圆形		紧压圆形		成型		退火铜导体		铝或铝合金导体③
	铜	铝	铜	铝	铜	铝	不镀金属单线	镀金属单线	
0.5	7	—	—	—	—	—	36.0	36.7	—
0.75	7	—	—	—	—	—	24.5	24.8	—
1.0	7	—	—	—	—	—	18.1	18.2	—
1.5	7	—	6	—	—	—	12.1	12.2	—
2.5	7	—	6	—	—	—	7.41	7.56	—
4	7	—	6	—	—	—	4.61	4.70	—
6	7	—	6	—	—	—	3.08	3.11	—
10	7	7	6	6	—	—	1.83	1.84	3.08
16	7	7	6	6	—	—	1.15	1.16	1.91
25	7	7	6	6	6	6	0.727	0.734	1.20
35	7	7	6	6	6	6	0.524	0.529	0.868
50	19	19	6	6	6	6	0.387	0.391	0.641
70	19	19	12	12	12	12	0.268	0.270	0.443
95	19	19	15	15	15	15	0.193	0.195	0.320
120	37	37	18	15	18	15	0.153	0.154	0.253
150	37	37	18	15	18	15	0.124	0.126	0.206
185	37	37	30	30	30	30	0.0991	0.100	0.164
240	37	37	34	30	34	30	0.0754	0.0762	0.125
300	61	61	34	30	34	30	0.0601	0.0607	0.100
400	61	61	53	53	53	53	0.0470	0.0475	0.0778
500	61	61	53	53	53	53	0.0366	0.0369	0.0605
630	91	91	53	53	53	53	0.0283	0.0286	0.0469
800	91	91	53	53	—	—	0.0221	0.0224	0.0367
1000	91	91	53	53	—	—	0.0176	0.0177	0.0291
1200	②						0.0151	0.0151	0.0247
1400①	②						0.0129	0.0129	0.0212
1600	②						0.0113	0.0113	0.0186
1800①	②						0.0101	0.0101	0.0165
2000	②						0.0090	0.0090	0.0149
2500	②						0.0072	0.0072	0.0127

① 为这些尺寸不推荐。

② 为这些尺寸的最小单线数量未作规定。这些尺寸可以由 4、5 个或 6 个均等部分构成。

③ 为对于具有与铝导体标称截面积的相同的绞合铝合金导体，其电阻值宜由制造方与买方商定。

表 1-19　　**单芯和多芯电缆用第 5 种软铜导体**

标称截面积（mm^2）	导体内最大单线直径（mm）	20℃时导体最大电阻（Ω/km）	
		不镀金属单线	镀金属单线
0.5	0.21	39.0	40.1
0.75	0.21	26.0	26.7
1.0	0.21	19.5	20.0
1.5	0.26	13.3	13.7
2.5	0.26	7.98	8.21
4	0.31	4.95	5.09
6	0.31	3.30	3.39
10	0.41	1.91	1.95
16	0.41	1.21	1.24
25	0.41	0.780	0.795
35	0.41	0.554	0.565
50	0.41	0.386	0.393
70	0.51	0.272	0.277
95	0.51	0.206	0.210
120	0.51	0.161	0.164
150	0.51	0.129	0.132
185	0.51	0.106	0.108
240	0.51	0.0801	0.0817
300	0.51	0.0641	0.0654
400	0.51	0.0486	0.0495
500	0.61	0.0384	0.0391
630	0.61	0.0287	0.0292

表 1-20　　**单芯和多芯电缆用第 6 种软铜导体**

标称截面积（mm^2）	导体内最大单线直径（mm）	20℃时导体最大电阻（Ω/km）	
		不镀金属单线	镀金属单线
0.5	0.16	39.0	40.1
0.75	0.16	26.0	26.7
1.0	0.16	19.5	20.0
1.5	0.16	13.3	13.7
2.5	0.16	7.98	8.21
4	0.16	4.95	5.09
6	0.21	3.30	3.39
10	0.21	1.91	1.95
16	0.21	1.21	1.24
25	0.21	0.780	0.795

续表

标称截面积（mm^2）	导体内最大单线直径（mm）	20℃时导体最大电阻（Ω/km）	
		不镀金属单线	镀金属单线
35	0.21	0.554	0.565
50	0.31	0.386	0.393
70	0.31	0.272	0.277
95	0.31	0.206	0.210
120	0.31	0.161	0.164
150	0.31	0.129	0.132
185	0.41	0.106	0.108
240	0.41	0.0801	0.0817
300	0.41	0.0641	0.0654

七、案例分析

1．案例概况

型号规格为 JKLYJ-1 1×16 的额定电压为 1kV 的铝芯交联聚乙烯绝缘架空电缆，测试导体直流电阻项目，试验方法标准为 GB/T 3048.4—2007。

要求 20℃时导体电阻不大于 1.91Ω/km。

2．不合格现象描述

铝导体表面光洁，无明显氧化迹象，样品初检结果为 1.99Ω/km，复测结果为 1.99Ω/km。

3．不合格原因分析

检查导体表面光亮、无刮痕、无明显氧化痕迹；导体结构完整、铝单线绞合紧密，无散股现象。导体直流电阻不合格原因可能为铝导体整体截面偏小。

第八节 绝 缘 电 阻

一、概述

1．试验目的

绝缘电阻是电缆的重要参数，绝缘电阻受到绝缘材料性能和制造工艺的影响，测量绝缘电阻是反映材料性能和工艺水平的主要方法之一。绝缘电阻下降导致电缆绝缘性能劣化，影响电缆运行寿命，甚至引发电缆故障。

2．试验依据

GB/T 3048.5—2007《电线电缆电性能试验方法　第 5 部分：绝缘电阻试验》

3．主要参数及定义

绝缘电阻：指在规定条件下，处于两个导体之间的绝缘材料的电阻。

体积电阻：排除表面电流后由体积导电所确定的绝缘电阻部分。

体积电阻率：折算成单位立方体积时的体积电阻。

二、试验前准备

1. 试验装备与环境要求

绝缘电阻试验仪器设备如表 1-21 所示。

表 1-21　　绝缘电阻试验仪器装备

仪器设备名称	参数及精度要求
绝缘电阻测试仪	10^5～10^{15}Ω 测量误差不超过±10%
恒温水浴仪	温控范围：室温～100℃ 温度误差不超过±1℃

试验环境条件：除非产品标准另有规定，型式试验时，测量应在环境温度为（20±5）℃和空气相对湿度不大于 80%的室内或水中进行。例行试验时，测量一般在环境温度为 0～35℃的室内进行。工作温度下绝缘电阻的试验温度误差不应超过±2℃。有争议时环境温度或工作温度的误差不应超过±1℃。（GB/T 3048.5—2007 中第 6.3 条的规定）。抽检试验时的环境条件推荐参照型式试验的要求。

2. 试验前的检查

（1）检查设备电量，内置电源设备应检查电池电量，外接电源设备应检查电源，确保电量充足。

（2）检查设备计时功能，计时功能及定时保持功能应处于启动状态，一般设为 1min 计时并定时保持。

（3）检查系统接线，确认测试系统按规定接线、各接触点牢固、高压端对地有足够的电气间隙，否则不得开展试验。

三、试验过程

1. 试验原理和接线

电缆绝缘电阻主要采用直流比较法或电压—电流法开展试验。直流比较法测试系统如图 1-10 所示。电压—电流法测试系统如图 1-11 所示。

2. 接线方式

采用输出端对地悬浮的高阻计测量绝缘电阻时，推荐将高阻计的测量端（低压端）与被测绝缘线芯的导体相连，高阻计的高压端连接试样的另一极（水，允许接地）；当采用通用的高阻计测量绝缘电阻时，浸入水中的试样必须对地绝缘，否则将使高阻计因输出的高压端对地短路而损坏，或可能由于加热电源的影响造成测试误差增大。常见的接线方式如表 1-22 所示。

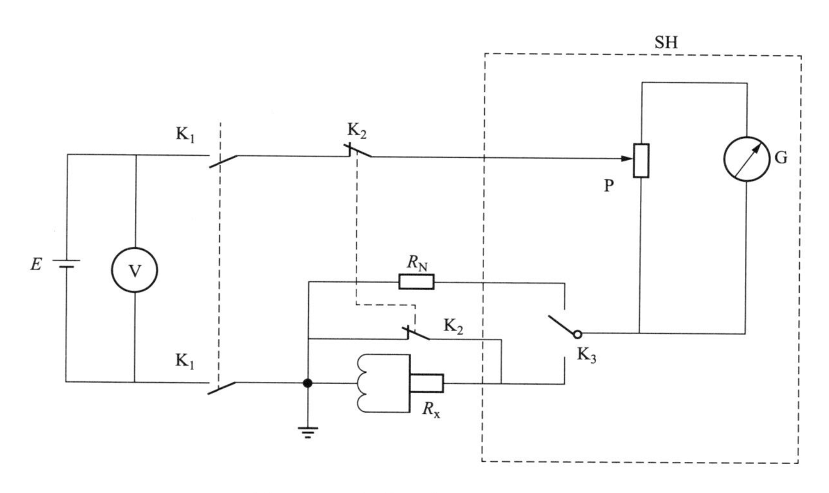

图 1-10　直流比较法测试系统

E—直流电源；K_1—直流电压开关；G—检流计；K_2—试样短路开关；P—分流器；K_3—换向开关；R_N—标准电阻；V—直流电压表；SH—金属极屏蔽（虚线）；R_x—试样绝缘电阻

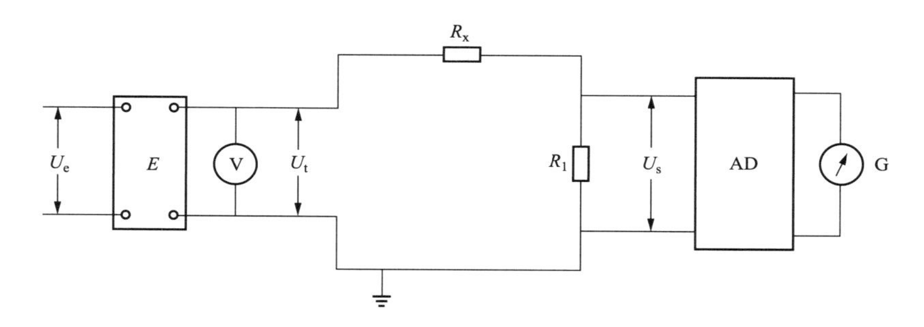

图 1-11　电压—电流法测试系统

E—直流电源；U_e—交流输入电源电压；G—检流计或微安表；U_t—直流输出电压；R_1—直流放大器输入电阻；U_s—放大器输入电阻压降；R_x—试样绝缘电阻；V—直流电压表；AD—高阻抗直流放大器

表 1-22　　绝缘电阻试验接线

序号	类型	单芯电缆	多芯电缆
1	有金属护套、屏蔽层或铠装的电缆试样	1→0	1→2+0
2	非金属护套、非屏蔽或无铠装的电缆试样	1→3	1→2 1→2+3

注　1．表中“1”代表被测量线芯导体；“2”代表其余线芯导体；“3”代表水或金属棒电极。
2．表中“0”代表金属屏蔽套或屏蔽层或铠装层。
3．表中“+”代表互相电气连接。

3．试验方法

（1）绝缘电阻试样制备时应小心地剥除试样两端绝缘外的覆盖物，并注意不能损伤绝缘表面，如不能有划伤、擦伤、破皮等伤害。使用卷尺或其他合适的工具，测量试样的有效长度，试样的有效长度测量误差不应超过±1%。

（2）浸入水中试验时，试样有效长度应全部浸入已达到规定温度的水中，试样两个端头应露出水面，露出水面的长度不应小于 250mm，绝缘部分露出的长度应不小于 150mm。

（3）在空气中试验时，试样端部绝缘部分露出的长度不应小于 100mm。露出的绝缘表面应保持干燥和洁净。

（4）单芯电缆在烘箱中试验时，应取 1.4m 长试样，在试样中间包覆至少 1.0m 长度的金属屏蔽层，可以采用金属编织或金属带。在有效测量长度的两端留出 1mm 宽的间隙，再绑扎 5mm 宽的金属丝作为保护环；然后将试样弯成直径约 15D 但至少是 0.2m 的圆圈。将试样置于已达到规定温度的烘箱中 2h，测量线芯和屏蔽之间的电阻，测试时保护金属丝环应接地。

（5）多芯电缆在烘箱中试验时，应取 3～5m 试样，将端头作适合于绝缘电阻测量的处理后，放入已达到规定温度的烘箱中 2h，测量线芯间的绝缘电阻。

（6）试验电压应符合相关产品标准的要求，测试时应有足够充分的充电时间，不少于 1min，不超过 5min，通常推荐 1min。常见产品绝缘电阻试验参数如表 1-23 所示。

（7）被测试样绝缘电阻值为 $1\times10^{10}\Omega$ 及以下，测量误差不超过±10%；被测试样绝缘电阻值为 $1\times10^{10}\Omega$ 及以上，测量误差不超过±20%。

（8）每公里长度绝缘电阻的计算公式

$$R_{\mathrm{L}} = R_{\mathrm{x}} \times L \tag{1-3}$$

式中　R_{L}——每千米长度绝缘电阻，MΩ·km；

R_{x}——试样绝缘电阻，MΩ；

L——试样有效测量长度，km。

（9）体积电阻率的计算公式

$$\rho = \frac{2\pi L R_{\mathrm{x}}}{\ln(D/d)} \times 10^{11} \tag{1-4}$$

式中　ρ——体积电阻率，Ω·cm；

D——绝缘外径，mm；

d——绝缘内径，mm。

（10）绝缘电阻常数 K_i 计算公式

$$K_i = \frac{L R_{\mathrm{x}}}{\lg(D/d)} = 0.367\rho \times 10^{-11} \tag{1-5}$$

注：对于成型导体的绝缘线芯，比值 D/d 是绝缘表面周长与导体表面周长的比值。

表 1-23　　常见产品绝缘电阻试验参数

产品标准	类型	有效长度（m）	浸水时间（h）	试验电压（V）	施压时间（min）
GB/T 12706.1—2008	电力电缆	10	≥1	80～500	1～5 推荐 1

续表

产品标准	类型	有效长度（m）	浸水时间（h）	试验电压（V）	施压时间（min）
GB/T 9330.2—2008 GB/T 9330.3—2008	控制电缆	5	≥1	80～500	1～5 推荐 1
GB/T 12527—2008	1kV 架空绝缘电缆	10	≥2		
GB/T 14049—2008	10kV 架空绝缘电缆	10	≥1		
GB/T 5023.3—2008	聚氯乙烯绝缘电线	5	≥2		

四、注意事项

（1）可在试样两端绝缘表面上加保护环，保护环应紧贴绝缘表面，并与测试系统的屏蔽相连接或接地。

（2）测量绝缘电阻试样前应充分放电，减少因试样中剩余电荷对测量结果造成的影响。重复试验时，在加压前应使试样短路放电，放电时间不应小于试样充电时间的 4 倍。

（3）应根据产品标准确认绝缘电阻试验开展的前置条件，部分产品要求绝缘电阻试验应在通过耐压试验的样品上进行。

五、试验后的检查

（1）检查原始记录信息，如环境温度、空气相对湿度、试验条件、试验数据等。

（2）试验后应记录施加电压的数值和时间、试验中的异常现象及处理判断。

（3）对不合格样品，应检查试样的绝缘表面是否有损伤，如制样过程中造成的划伤、擦伤、破皮等，若试样绝缘表面完好，可以在原样上重复测试；当重新取样测试时，若绝缘电阻试验开展前需要先通过耐压试验，应先进行耐压试验，再进行绝缘电阻试验。

六、结果判定

计算得到的绝缘电阻或体积电阻率不应小于产品标准中的相关规定值，如表 1-24～表 1-28 所示。

表 1-24　　GB/T 9330.1—2008 中规定的绝缘电阻要求

序号	导体标称截面积（mm^2）	最小绝缘电阻（MΩ·km）				
		PVC 绝缘电缆			XLPE 绝缘电缆	
		第 1 种	第 2 种	第 5 种	第 1 种	第 2 种
1	0.5	—	—	0.013	—	—
2	0.75	0.012	0.014	0.011	1.20	1.40
3	1	0.011	0.013	0.010	1.10	1.30
4	1.5	0.011	0.010	0.010	1.10	1.0
5	2.5	0.010	0.009	0.009	1.0	0.90

续表

序号	导体标称截面积（mm^2）	最小绝缘电阻（MΩ·km）				
		PVC 绝缘电缆			XLPE 绝缘电缆	
		第 1 种	第 2 种	第 5 种	第 1 种	第 2 种
6	4	0.0085	0.0077	—	0.85	0.77
7	6	0.0070	0.0065	—	0.70	0.65
8	10	—	0.0065	—	—	0.65

表 1-25　　GB /T 14049—2008 中规定的绝缘电阻要求

普通结构电缆	轻型薄绝缘电缆
1500MΩ·km	1000MΩ·km

表 1-26　　GB/T 12706.1—2008 中规定的绝缘电阻要求

试　验　项　目	单位	性能要求		
		PVC/A	EPR/HEPR	XLPE
体积电阻率				
—20℃	Ω·cm	10^{13}	—	—
—正常运行时的导体最高温度	Ω·cm	10^{10}	10^{12}	10^{12}
绝缘电阻常数 K_i				
—20℃	MΩ·km	36.7	—	—
—正常运行时的导体最高温度	MΩ·km	0.037	3.67	3.67

注　1．PVC/A 为用于额定电压 $U_0/U \leqslant 1.8/3$kV 电缆的聚氯乙烯，正常运行时的导体最高温度 70℃；

2．EPR/HEPR 为乙丙橡胶或类似绝缘混合料，正常运行时的导体最高温度 90℃；

3．XLPE 为交联聚乙烯，正常运行时的导体最高温度 90℃。

表 1-27　　GB/T 5023.3—2008 中对绝缘电阻的规定

序号	导体标称截面积（mm^2）	导体类型	70℃绝缘电阻（MΩ·km）
1	1.5	1	0.011
2	1.5	2	0.010
3	2.5	1	0.010
4	2.5	2	0.009
5	4	1	0.0085
6	4	2	0.0077
7	6	1	0.0070
8	6	2	0.0065
9	10	1	0.0070
10	10	2	0.0065
11	16	2	0.0050

续表

序号	导体标称截面积（mm^2）	导体类型	70℃绝缘电阻（MΩ·km）
12	25	2	0.0050
13	35	2	0.0043
14	50	2	0.0043
15	70	2	0.0035
16	95	2	0.0035
17	120	2	0.0032
18	150	2	0.0032
19	185	2	0.0032
20	240	2	0.0032
21	300	2	0.0030
22	400	2	0.0028

表 1-28　　GB/T 12527—2008 中对绝缘电阻的规定

序号	导体标称截面积（mm^2）	铜芯架空绝缘电缆绝缘电阻值（MΩ·km）		铝芯、铝合金芯架空绝缘电缆绝缘电阻值（MΩ·km）	
		70℃	90℃	70℃	90℃
1	10	0.0067	0.67	0.0067	0.67
2	16	0.0065	0.65	0.0065	0.65
3	25	0.0054	0.54	0.0054	0.54
4	35	0.0054	0.54	0.0054	0.54
5	50	0.0046	0.46	0.0046	0.46
6	70	0.0040	0.40	0.0040	0.40
7	95	0.0039	0.39	0.0039	0.39
8	120	0.0035	0.35	0.0035	0.35
9	150	0.0035	0.35	0.0035	0.35
10	185	0.0035	0.35	0.0035	0.35
11	240	0.0034	0.34	0.0034	0.34
12	300	—	—	0.0033	0.33
13	400	—	—	0.0032	0.32

七、案例分析

案例

1. 案例概况

型号规格为 60227 01（BV） 1×4，开展绝缘电阻试验，试验电压 500V，测试时间 1min，要求每公里长度绝缘电阻不小于 0.0085MΩ·km。

2. 现象描述

第一次测得试样有效测量长度在 70℃时绝缘电阻为 $1.98\times10^5\Omega$，有效测量长度为 5m，计算得每公里长度绝缘电阻为 0.0010MΩ·km，不合格。

检查试样，表面无损伤，重新测得其有效测量长度为 5m。检查设备充电功能正常，计时及定时保持功能正常。经充分放电后对该试样进行重复测试，测得 70℃下绝缘电阻为 $2.11\times10^5\Omega$，计算得每公里长度绝缘电阻为 0.0011MΩ·km，不合格。

3．原因分析

样品在绝缘电阻测试前，需进行 2500V/5min 的耐压试验，可能在耐压试验过程中，其绝缘强度已经下降。采用的绝缘材料或生产工艺对绝缘电阻的影响较大。

第九节　耐　　压

一、概述

1．试验目的

电力电缆在运行中会经受各种因素影响，绝缘强度逐渐下降，最终形成缺陷，导致电缆故障。耐压试验的主要目的是检查绝缘耐受工作电压或过电压的能力，是检验电缆的绝缘性能是否符合安全标准的一种直接有效的手段。

2．试验依据

GB/T 3048.8—2007《电线电缆电性能试验方法　第 8 部分：交流电压试验》

3．主要参数及定义

方均根（有效）值：是指一完整周波中电压值平方的平均值的平方根。

试验电压值：是指其峰值除以 $\sqrt{2}$ 。

U_0：电缆设计用的导体对地或金属屏蔽之间的额定工频电压。

U：电缆设计用的导体间的额定工频电压。

U_m：设备可承受的“最高系统电压”的最大值。

二、试验前准备

1．试验装备与环境要求

耐压试验仪器设备如表 1-29 所示。

表 1-29　耐压试验仪器设备

仪器设备名称	参数及精度要求
工频耐压设备	电压频率：49～61Hz 电压容许偏差：≤±3% 电压范围：0～100kV

试验要求：除非产品标准另有规定，试验应在（20±15）℃温度下进行，试验时，样品的温度与周围环境温度之差不应超过±3℃（GB/T 3048.8—2007 中第 6.3 条的规定）。

2. 试验前的检查

（1）检查设备，确认耐压设备功能正常，击穿后报警功能正常、击穿后电压自动切断功能正常，否则不得开展试验。

（2）检查系统接线，确认测试系统按规定接线、各接触点牢固、高压端对地有足够的电气间隙，否则不得开展试验。

（3）检查试验区域，确认耐压试验区域内人员已清场，否则不得开展试验。

（4）检查操作人员，确认有至少有 2 名操作人员共同开展试验，否则不得开展试验。

三、试验过程

1. 试验原理和接线

耐压试验是对电缆绝缘施加电压，其施加电压高于其正常工作电压。测量电压耐受电压期间产生的泄漏电流值，若泄漏电流保持在规定的范围内，则判断被试样品绝缘性能符合标准要求；若泄漏电流超过规定值，则判断被试样品绝缘性能不符合标准要求。

根据 GB/T 3048.8—2007 中第 6.2 条的规定，试样接线应按下列规定接线方式接线，也可采用其他接线方式，但必须保证试样每一线芯与其相邻线芯之间，至少经受一次按产品标准规定的工频电压试验，见表 1-30。

表 1-30　　耐压试验交流电压试验接线

试样芯数	试样结构简图	无金属套、金属屏蔽、铠装且无附加特殊电极	有金属套、金属屏蔽、铠装或有附加特殊电极
单芯		—	1→0
二芯		1→2	1→2+0 2→1+0
三芯		1→2+3 2→3+1	1→2+3+0 2→1+3+0 3→1+2+0
四芯		1→2+3+4 2→3+4+1 3→4+1+2	1→2+3+4+0 2→1+3+4+0 3→1+2+4+0 4→1+2+3+0

注　1. 表中“1、2、3、4”代表线芯导体编号。
2. 表中“0”代表金属套、金属屏蔽、铠装或有附加特殊电极。
3. 表中“+”代表互相电气连接。

2. 试验方法

根据 GB/T 3048.8—2007 中第 6.3 条的规定，对试样施加电压时，应当从足够低的数值（不应超过产品标准所规定试验电压值的 40%）开始，以防止操作瞬变过程而引起的过电压影响；然后应缓慢地升高电压，以便能在仪表上准确读数，但也不能升得太慢了，以免造成在接近试验电压时耐压时间过长。

当施加电压超过 75%试验电压后，只要以每秒 2%的速率升压，一般可满足上述要求。应保持试验电压至规定时间后，降低电压，直至低于所规定的试验电压值的 40%，然后再切断电源，以免可能出现的瞬变过程而导致故障或造成不正确的试验结果。

试样在施加所规定的试验电压和持续时间内无任何击穿现象，则可认为该试样通过耐受工频电压试验。

依据不同产品标准生产的电缆其耐压试验参数也不相同，表 1-31 中给出了常见电缆产品的耐压试验参数作为参考。

表 1-31　常见产品耐压试验参数

产品标准	类型	试样长度（m）	浸水时间（≥，h）	水温（℃）	试验电压（V）	施压时间
GB/T 12706.1—2008 GB/T 12706.2—2008 GB/T 12706.3—2008	电力电缆	10	1	20±5	$4U_0$	4h
GB/T 9330.1—2008 GB/T 9330.2—2008 GB/T 9330.3—2008	控制电缆	5	1	20±5	绝缘厚度 0.6mm 及以下 2000V	5min
					绝缘厚度 0.6mm 以上 2500V	
GB/T 12527—2008	1kV 架空绝缘电缆	10	1	20±5	3.5kV	1min
GB/T 14049—2008	10kV 架空绝缘电缆	10	1	20±5	普通 18kV	4h
					轻型薄绝缘 12kV	
GB/T 5023.3—2008	一般用途单芯硬导体无护套电缆 60227 IEC 01（BV）	10	1	20±5	2500V	5min

四、注意事项

（1）试验回路应有快速保护装置，以保证当试样击穿或试样端部或终端发生沿其表面闪络放电或内部击穿时，能迅速切断试验电源。

（2）试验设备、测量系统和试样的高压端与周围接地体之间应保持足够的安全距离，以防止产生空气放电。试验区域周围应有可靠的安全措施，如金属接地栅栏，信号灯或安全警示标志。

（3）试验区域内应有接地电极，接地电阻应小于 4Ω，实验装置的接地端和试样的接地端或附加电极均应与接地电极可靠连接。

（4）如果在试验过程中，试样的试验终端发生沿其表面闪络放电或内部击穿，允许另

做试验终端，并重复进行试验。

（5）试验过程中因故停电后继续试验，除产品标准另有规定外，应重新计时。

五、试验后的检查

（1）检查原始记录信息，如环境温度、空气相对湿度、试验条件、试验数据等。

（2）试验后应记录施加电压的数值和时间、试验中的异常现象及处理判断。

（3）试验过程中如发生异常现象，应判断是否属于“假击穿”。假击穿现象应予排除，并重新试验。只有当试样不可能再次耐受相同电压值的试验时，则认为试样已击穿。

（4）对不合格样品，应找到击穿点，留存照片。

六、结果判定

电缆耐受电压过程中，绝缘应不击穿。

七、案例分析

案例一

1．案例概况

型号为 YJV 0.6/1kV 3×70，开展 4h 耐压试验，试验电压 $4U_0$（2.4kV）。

2．现象描述

升压过程中泄漏电流瞬间超过规定值，设备自动切断电压并发出击穿声光报警。

3．原因分析

检查发现，试验用水池墙面（接地）潮湿，试样高压端与水池墙面电气间隙过小，产生放电。拉开试验高压端与水池墙面距离后重新试验，试样状态正常，耐压期间未发生击穿现象。记录该次试验过程中产生异常，判断为出现“假击穿”情况。

案例二

1．案例概况

型号为 60227 01（BV）1×4，开展 5min 工频电压试验，试验电压 2500V，绝缘击穿。

2．现象描述

升压过程中泄漏电流瞬间超过规定值，设备自动切断电压并发出击穿声光报警，检查发现样品绝缘出现击穿点，击穿点附近有炭化痕迹。绝缘击穿点如图 1-12 所示。

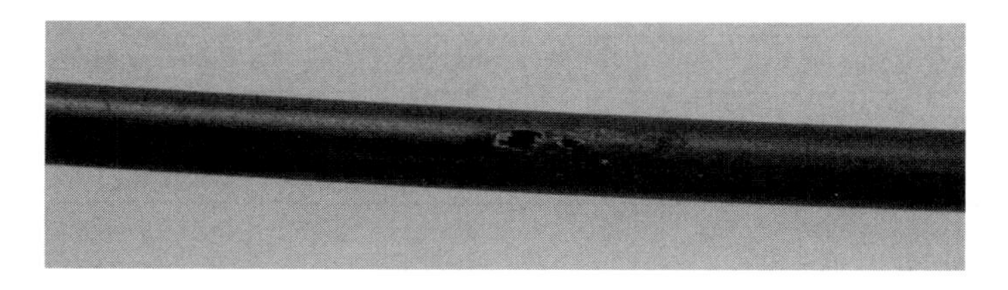

图 1-12　绝缘击穿点

3. 原因分析

绝缘击穿，可能为绝缘中存在气孔或杂质，导致该处绝缘强度下降。

第十节　半导电屏蔽电阻率

一、概述

1. 试验目的

电缆的半导电屏蔽电阻率测量很重要，因为挤包在导体和绝缘上的半导电屏蔽层，有均匀电场的作用，能提高电缆导电传输质量。

2. 试验依据

GB/T 12706.2—2008《额定电压 1kV（U_m=1.2kV）到 35kV（U_m=40.5kV）挤包绝缘电力电缆及附件　第 2 部分：额定电压 6kV（U_m=7.2kV）到 30kV（U_m=36kV）电缆》《国家电网公司总部配网标准化物资固化技术规范书　20kV 电力电缆（10GH-500030091-00004）》

GB/T 12706.2—2008 是中压电缆的产品标准，里面半导电屏蔽电阻率试验是属于型式试验，在第 18.1.9 给出标准值，并在附录 D 给出试验方法

10GH-500030091-00004 是 20kV 电力电缆国家电网公司技术规范书，里面半导电屏蔽电阻率试验是属于型式试验，在 4.1.1 技术参数表给出了标准值

3. 主要参数及定义

导体屏蔽：均匀导体表面的电场。

绝缘屏蔽：均匀绝缘表面的电场。

二、试验前准备

1. 试验装备与环境要求

半导体屏蔽电阻率试验仪器设备如表 1-32 所示。

表 1-32　　半导体屏蔽电阻率试验仪器设备

仪器设备名称	参数及精度要求
电缆半导电层电阻测试装置（夹具）两个电位电极 B 和 C 间距	50mm
电缆半导电层电阻测试装置（夹具）两个电流电极 A 和 D 相应地在电位电极外侧间隔	≥25mm
电缆半导电层电阻测试装置外接电源（半导电层电阻测试装置）	AC 220V
电缆半导电层电阻测试装置量程	0～2kΩ、2～20kΩ、20～200kΩ、200～2000kΩ
加热烘箱 90℃	温度偏差：±2℃

2. 试验前的检查

（1）检查测量装置的各开关位置：量程开关置于“0”，功能选择开关置于中间空档位

置，电源开关处于关的位置（半导电层电阻测试装置）。

（2）检查电阻测试仪内置电源充电情况：观察电压表指针偏转的位置，如指针在 V1 电压示值有效区域内，即可进入测量步骤；如果指针已经接入 V1 电压示值有效区域边缘或已经低于该区域，装置必须充电后方能使用（半导电层电阻测试装置）。

（3）检查专用接口与烘箱连接是否正确。

（4）检查样品屏蔽表面有无划痕等机械损伤。

三、试验过程

1. 试验原理和接线

原理采用四端子电流——电压降压法，接线图如图 1-13 所示。

2. 试验方法

（1）取样，应在电缆绝缘线芯上的试样上进行测量，绝缘线芯应分别取自制造好的电缆样品和进行过的按 GB/T 12706.2—2008 中 19.5 规定的材料相容性试验老化处理后的电缆样品（相容性试验方法可参考本书电缆老化试验）。

（2）每个试件应从 150mm 的成品电缆试样上制取；将线芯试样纵向切成两半并剥除导体和隔离套（如有），以制取导体屏蔽试件（见图 1-14）。剥离线芯试样上的所有护层，以制取绝缘屏蔽试件（见图 1-15）。

图 1-13　接线图

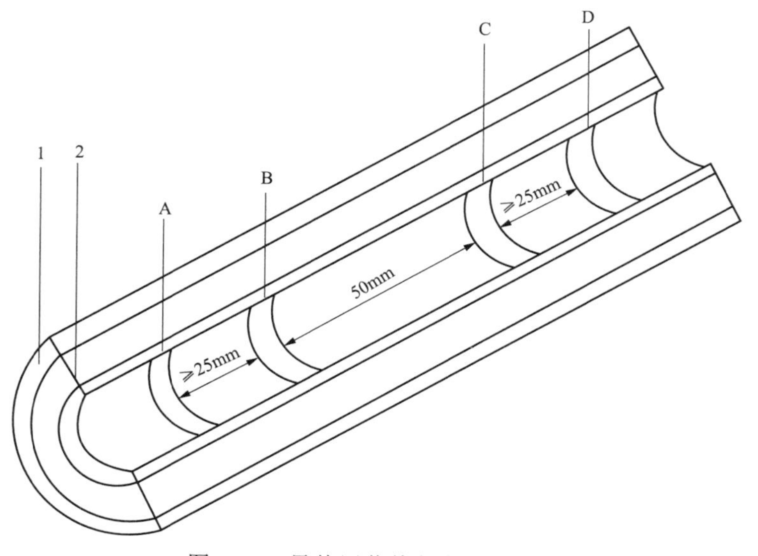

图 1-14　导体屏蔽体积电阻率测量

1—绝缘屏蔽层；2—导体屏蔽层；B、C—电位电极；A、D—电流电极

（3）依据 GB/T 12706.2—2008 中附录 D 屏蔽体积电阻率的测定程序如下：

1）将 4 个镀银电极 A、B、C、D（见图 1-14 和图 1-15）放在半导电表面上。2 个电位电极 B、C 相距 50mm，2 个供电电极 A、D 在两电位电极两侧至少 25mm 处。

2）用合适的弹簧夹将电极连接起来。连接导体屏蔽电极时，应确保弹簧夹与试验试样外表面上的绝缘屏蔽绝缘。然后将组件置于已预热至规定温度的烘箱中。至少 30min 后，用电路功率不大于 100mW 的来测量电极间的电阻。

（4）电气测量完成后，在环境温度下测量导体屏蔽和绝缘屏蔽的外径及其厚度，取试样（如图 1-15 所示）的六次测量结果的平均值作为外径和厚度值。记录数据并计算结果。

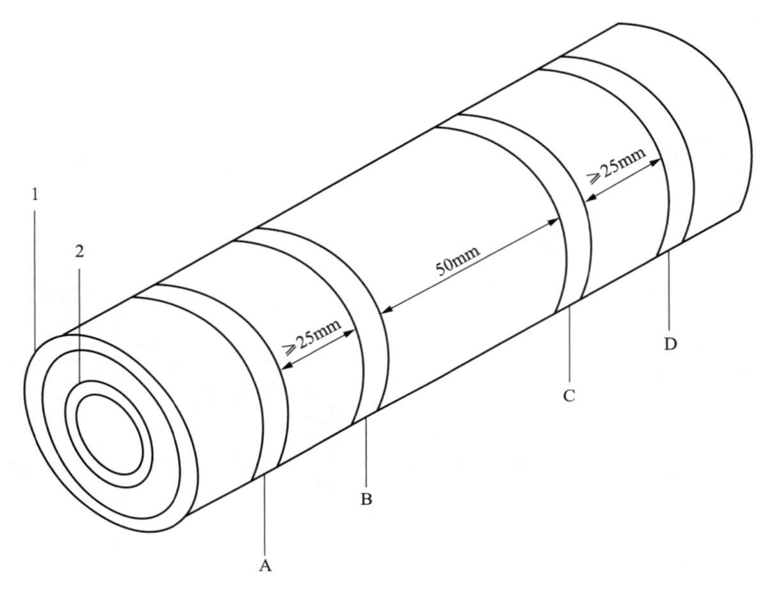

图 1-15　绝缘屏蔽体积电阻率测量

1—绝缘屏蔽层；2—导体屏蔽层；B、C—电位电极；A、D—电流电极

体积电阻率按下式计算：

1）导体屏蔽。

$$\rho_c = \frac{R_C \times \pi \times (D_C - T_C)}{2L_C} \tag{1-6}$$

式中　ρ_c ——体积电阻率，Ω·m；

R_C ——电阻测量值，Ω；

L_C ——电位电极间的距离，m；

D_C ——导体屏蔽的外径，m；

T_C ——导体屏蔽的平均厚度，m。

2）绝缘屏蔽。

$$\rho_i = \frac{R_i \times \pi \times (D_i - T_i) \times T_i}{L_i} \tag{1-7}$$

式中　ρ_i——体积电阻率，Ω·m；

R_i——电阻测量值，Ω；

L_i——电位电极间的距离，m；

D_i——绝缘屏蔽的外径，m；

T_i——导体屏蔽的平均厚度，m。

四、注意事项

（1）设备必须可靠接地。

（2）制样过程中必须小心，避免样品屏蔽层的机械损伤。

（3）镀银电极放在半导电表面上时候，应该紧密接触。

（4）样品表面应该干净、干燥。

（5）设备要定期计量校准。

五、试验后的检查

（1）检查原始记录信息，如环境温度、空气相对湿度、试验条件、试验数据等。

（2）如果出现不合格，及时保存好被测样品。

（3）检查试品的外观状态是否有损伤。

（4）如果数据异常，可以再做一组数据进行比较。

六、结果判定

半导体屏蔽电阻率试验结果判定依据如表 1-33 所示。

表 1-33　　半导体屏蔽电阻率试验结果判定依据

试验项目	不合格现象	结果判定依据
半导电屏蔽电阻率试验	样品老化前后的电阻率： 导体屏蔽大于 1000Ω·m； 绝缘屏蔽大于 500Ω·m	GB/T 12706.2—2008 中 18.19.2 条规定老化前后的电阻率不得超过以下值：导体屏蔽，1000Ω·m；绝缘屏蔽，500Ω·m

七、案例分析

案例

1. 案例概况

型号为 ZC-YJV22-8.7/15 3×400 的交联聚乙烯绝缘钢带铠装聚氯乙烯护套阻燃 C 类电力电缆绝缘屏蔽电阻率不合格。

2. 不合格现象描述

按标准要求测得的原始数据为 280.3×10^3Ω，同时测得绝缘屏蔽平均厚度为 0.8mm，电位电极间距是 0.05m，最终计算电阻率为 510Ω·m，大于标准值 500Ω·m，不符合标准要求。

3. 不合格原因分析

（1）半导电层材料质量不合格，使其导电性能不好。

（2）在电缆生产过程中，半导电层受到灰尘等颗粒物污染，影响其导电性能。

第十一节　耐漏电痕试验

一、概述

1. 试验目的

因为很多没有外护套的电缆敷设时直接暴露在户外，必须要经受起雨水、大雾等极端天气考验，所以电缆的耐电痕试验很重要。

2. 试验依据

GB/T 3048.7—2007《电线电缆电性能试验方法　第7部分：耐电痕试验》

GB/T 14049—2008《额定电压10kV架空绝缘电缆》

3. 主要参数及定义

漏电痕迹：在规定试验条件，同体绝缘材料在电场和电解液的联合作用下，其表面逐渐形成的导电通路叫漏电痕迹。

电痕化：形成漏电痕迹的过程称为电痕化。

二、试验前准备

1. 试验装备与环境要求

耐漏电痕试验仪器设备如表1-34所示。

表1-34　耐漏电痕试验仪器设备

仪器设备名称	参数及精度要求
耐电痕试验系统电压	电压误差：≤±3%
喷雾设备（1个或者多个喷头，可以调节喷雾频率）	喷程：≥1m

GB/T 3048.7—2007中第4.4条的规定除产品另有规定外，试验液体（推荐的配方为1L水中含化学纯氯化钠约2%和表面活性剂0.1%的液体）的电导率应为（3000±400）μS/cm（用电导率仪测量）。表面活性剂推荐采用仲辛基苯基聚氧乙烯醚，也可用其他相当的表面活性剂。

2. 试验前的检查

（1）检查接地线是否正常。

（2）线路是否正确连接。

（3）试验的环境温湿度。

（4）防触电安全手套、安全胶靴是否齐全。

（5）试验设备试验液体是否符合本章第十一节中二、1.的规定。

三、试验过程

1. 试验原理和接线

模拟电线电缆耐受在污秽条件下因表面漏电引起电痕迹而造成损坏的能力。测试系统原理图如图 1-16 所示。

2. 试验方法

（1）试验用液体按本章第十一节中二、1.规定的配置为好。

（2）试验制备依据 GB/T 3048.7—2007 中第 5 章的规定。

试样长度不应小于 150mm，单芯电缆取绝缘线芯进行试验，多芯电缆取单根绝缘线芯进行试验。试样外观应平整，表面无划痕凹陷等缺陷，如有灰尘、油脂或其他污秽物时，可用绸布等蘸着对试样无腐蚀作用的溶剂擦净，然后再用水冲洗几次。

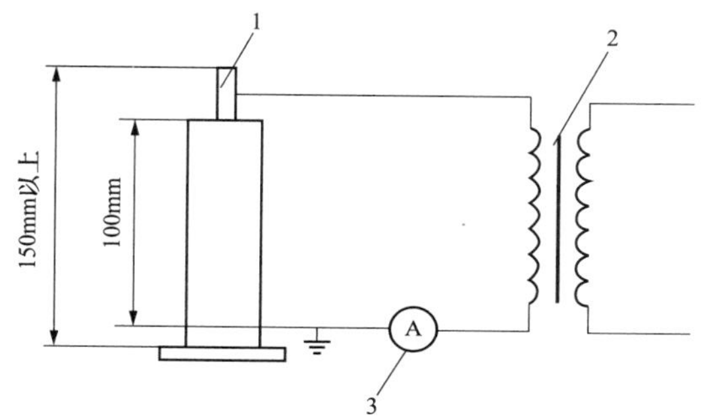

图 1-16　测试系统原理图

1—试样；2—试验变压器；3—电流测量仪表

沿试样轴线方向垂直切除一端上的绝缘约 20mm，露出导体。在离试样绝缘切口 100mm 处，垂直于试样轴线绕上直径约 1mm 的裸铜线 2～3 圈。

试样的另一端面应进行适当的绝缘处理，或采用增大试样长度的方式，以防止在试验过程中附着试验液体后引起放电。

（3）试验程序依据 GB/T 3048.7—2007 中第 6 章的规定。

将制备好的试样垂直放置，按图 1-16 所示的连接，导体连接变压器高压端，试样表面铜线接地。

调整喷雾装置，喷头离地面至少 600mm，距离试样约 500mm。喷头轴线与试样轴线呈 45°角，试验液直接喷射与试样上，如用多个喷头时，喷头应对称或均匀地分布于试样周围。试样处喷雾速度约 3m/s，喷雾量为（0.5±0.1）mm/min，喷射压力应基本稳定。喷雾 10s，间歇 20s 为一个喷雾周期。设定产品要求的喷雾次数。

开始喷雾的同时，应在试样上施加 4kV 工频试验电压，试验过程中电压值应保持在规定值的±3%以内。

（4）试验结束后，记录试验结果，把设备电压放电至“0”，然后关掉设备，及时记录结果，做好登记。

四、注意事项

（1）试验结束后一定要把电压调至为“0”后，再关掉设备。

（2）取出试验后样品时，要用放电棒，把样品残余电荷放掉，防止残余电荷触电事故。

（3）试验过程前后操作都要穿绝缘靴和戴绝缘手套等防护措施操作设备。

（4）试验过程中需要两位有资质的操作人员在现场。

五、试验后的检查

（1）检查原始记录信息，如环境温度、空气相对湿度、试验条件、试验数据等。

（2）如果样品出现不合格，检查样品密封端，有没有出现漏缝，裂纹等，如果有，重新取样试验。

六、结果判定

耐漏电痕试验结果判定依据如表 1-35 所示。

表 1-35　　耐漏电痕试验结果判定依据

<table>
<tr><th>试验项目</th><th>序号</th><th>不合格现象</th><th>结果判定依据</th></tr>
<tr><td rowspan="3">耐漏电痕试验</td><td rowspan="2">1</td><td>试验过程中出现表面未烧焦，泄漏电流大于 0.5A</td><td rowspan="2">GB/T 14049—2008 中 7.9.10 的和《国家电网公司集中规模招标采购江苏省电力公司固化技术规范书架空绝缘导线，AC20kV 招标文件》
第 5.4.5 条规定在 4kV 电压下，经 101 次喷液后，表面应无烧焦，泄漏电流应不超过 0.5A</td></tr>
<tr><td>试验过程中出现表面烧焦，泄漏电流大于 0.5A</td></tr>
<tr><td>2</td><td>试验过程中出现表面燃烧，在高压电极和接地电极之间形成连续的电弧，表面泄漏电流超过产品标准规定值，因绝缘局部受腐蚀而引起试样击穿</td><td>GB/T 3048.7—2007 中第 7 章的规定在产品标准中规定的喷雾周期内，试样无下列任一情况者应认为合格：
a）表面燃烧；
b）在高压电极和接地电极之间形成连续的电弧；
c）表面泄漏电流超过产品标准规定值；
d）因绝缘局部受腐蚀而引起试样击穿</td></tr>
</table>

七、案例分析

案例

1. 案例概况

型号为 JKLYJ-10 1×240 的铝芯交联聚乙烯绝缘架空电缆，在 4kV 电压下，经喷液后，表面烧焦，泄漏电流应超过 0.5A，试验结果不合格。

2. 不合格现象描述

喷液不到 101 次时候，机器发出警报，泄漏电流超过 0.5A，并出现电弧和烧焦现象，如图 1-17 所示。

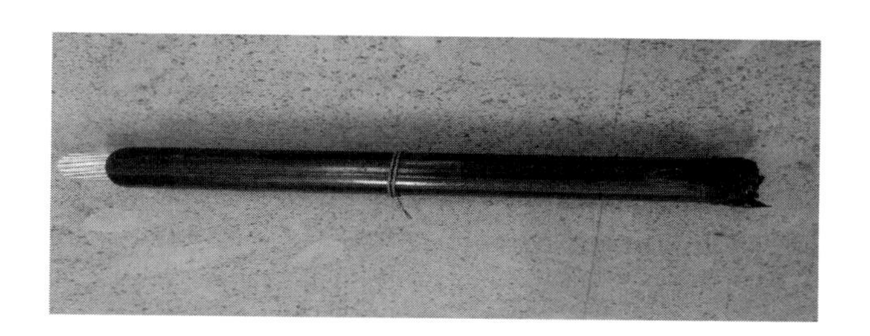

图 1-17　烧焦现象图

3. 不合格原因分析

（1）材料质量问题导致样品绝缘表面电阻不达标，出现泄漏电流过大、烧焦、电弧等现象。

（2）绝缘表面里面含有杂质颗粒等现象。

第十二节　导线拉断力

一、概述

1. 试验目的

该试验主要考核的是导线所能承受拉力值。架设在电缆杆之间的电缆由于产品自重、起风等因素，通过计算、模拟在相关标准中确定了导线需要承受的拉断力的额定值。如果不达标，产品在使用中，可能会出现质量问题，甚至出现安全隐患。

2. 试验依据

GB/T 4909.3—1985《裸电线试验方法拉力试验》

GB/T 12527—2008《额定电压 1kV 及以下架空绝缘电缆》

GB/T 14049—2008《额定电压 10kV 架空绝缘电缆》

GB/T 32502—2016《复合材料芯架空导线》（6.4.3）

《国家电网公司总部　配网标准化物资固化技术规范书　1kV 架空绝缘导线（9906-500027443-00001）》

3. 主要参数及定义

（1）拉断力：在试验过程中出现第一根单丝断裂时的拉力值。

（2）额定拉断力（rated tensile strength，RTS）：按绞线结构计算的拉断力。其值为各承载构件的承载截面积、最小抗拉强度和绞合系数的乘积的总和。

（3）合金浇筑法：将试样两端捆扎后端部散开、清洗干净后，用低熔点的熔融合金浇筑，冷却至室温后，在拉力试验机上进行拉伸试验的方法。

（4）树脂浇筑法：将试样两端捆扎后端部散开、清洗干净后，用树脂浇筑，待树脂充分固结后，在拉力试验机上进行拉伸试验的方法。

（5）套管压制法：将试样两端装上合适的金属套管，用压力机压制牢固，然后拉力试验机上进行拉伸试验的方法。

二、试验前准备

1. 试验装备与环境要求

导线拉断力试验仪器设备如表 1-36 所示。

表 1-36　　导线拉断力试验仪器设备

仪器设备名称	参数及精度要求
卧式拉力机	建议最大拉力值：≥150kN 力值精度：±1%
卷尺	量程：≥5m，长度精度：1mm

试验环境：

（1）试验一般在室温 10～35℃范围内进行。

（2）电源电压的波动范围不应超过额定电压的±10%，试验机电源应有可靠接地，频率的波动不应超过额定频率的 2%。

2. 试验前的检查

（1）用卷尺量取待测样品段，样品不应出现严重的弯折。

（2）检查拉力试验机的引伸导轨，不应有杂物等影响拉伸时的稳定性。

（3）当天气过冷或过热时（超出 10～35℃范围），样品在试验前，应先在试验要求的环境中，预置 12～24h，以消除温度对拉力试验的影响。

（4）清理试验现场，初步查看机台运行情况。打开电源，启动拉力机软件，选择适当的速度，使试验机进行拉伸、回位操作，观察软件中数据与该动作是否对应。此外，该过程中，油路系统不应出现过大噪声，油压表压力在拉力设备空载下不应出现过大压力，否则，可能是油路系统受阻，需排除问题后才能进行试验。根据试验要求，调整拉力机两夹头之间的距离，以便于试验安装夹具。

（5）查看防护罩的电源连接线，安全绳伸缩是否自由。

（6）在两端筑件顶部或压制套管的端部用记号笔做标记。标记图如图 1-18 所示。

图 1-18　标记图

三、试验过程

1. 试验原理和接线

拉力试验机力值的测量是经过测力传感器、扩大器和数据处理系统来完成测量。在小变形前提下，一个弹性元件某一点的应变与弹性元件所受到的力成正比，与弹性的变化成正比。外力引起传感器内应变片的变形，导致电桥的不平衡，使得传感器输出电压发生转变，经过测量输出电压的转变，就可以计算力值大小。

卧式拉力机为保证巨大拉力，且稳定拉伸，故采用油路系统来进行力值的传导。

2. 试验方法

（1）选择样品长度。涉及执行标准或文件：GB/T 14049—2008《额定电压 10kV 架空绝缘电缆》、GB/T 12527—2008《额定电压 1kV 及以下架空绝缘电缆》《国家电网公司总部配网标准化物资固化技术规范书 1kV 架空绝缘导线（9906-500027443-00001）》的产品，样品的试验长度为每根 5.5m，测试 3 根。

（2）样品两端的固定方式。在固定前，样品不能发生松散。

1）采用低熔点合金浇筑。以铅锡合金为例，将合金块置于熔炉中，温度设定 100℃。将绞线两端浸泡于稀盐酸溶液，清理绞线表面杂质，试样浸泡的深度要稍高于夹具的高度。制作夹头时，将绞线轻轻散开，并根据夹具深度将绞线弯折，弯折前用直径为 1mm 左右的铜丝固定样品，均匀散开于整个夹具的一周，通常镀锌钢线由内往外测弯折，铝线往内侧弯折，浇筑的模具和支架如图 1-19 所示。将模具的底面用橡皮泥或者其他柔性体密封在绞线周围一圈，合上模具底板，并在底部用橡皮泥将导线周围填实，模具底板如图 1-20 所示。将铅水慢慢倒置于夹具中，直至铅水灌满整个夹具，冷却 24h。

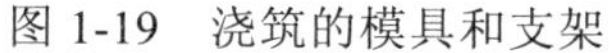

图 1-19 浇筑的模具和支架

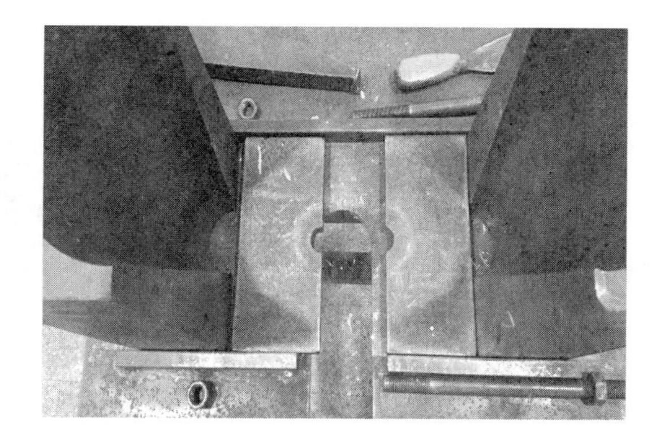

图 1-20 模具底板

2）采用树脂浇筑。根据拉力机固定端选择制作浇筑用的模具。将绞线两端散开，清理绞线表面杂质。制作夹头时，将绞线轻轻散开，并根据夹具深度将绞线弯折，均匀散开于整个夹具的一周，通常镀锌钢线由内往外测弯折，铝线往内侧弯折，铝绞线制样弯折参考图如图 1-21 所示。将试样套上浇筑用模具，将树脂配方混合后，进行灌注，直至灌满整个模具，随后等待固化，时间依树脂配方而定，填实参考图如图 1-22 所示。

图 1-21　铝绞线制样弯折参考图

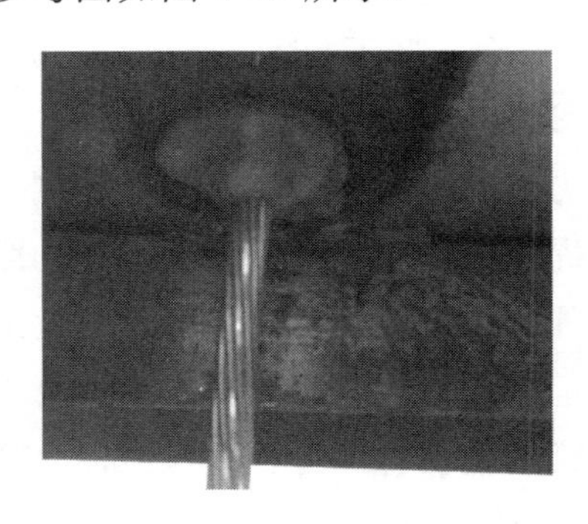

图 1-22　橡皮泥填实参考图

图 1-23　压制工具

3）采用套管压制。根据样品截面，选择对应的大小的套管。铝绞线，可选用铝套管，钢绞线可选用钢套管，压制工具如图 1-23 所示。压制前应将导线接触面用汽油清洗干净，线材清洗长度为压制管的 1.25 倍。将样品插入套管至底部，选择对应大小的压制头，从套管底部开始进行压制，至套管头部。如果产品有加强芯结构，先剥出加强芯部分，剥出长度大致与钢套管内长度一致，钢套管如图 1-24 所示。表面清洁后，先按上述方法压制加强芯，之后选择铝套管，推荐长度要比钢套管长 15～20cm，套上铝套并查至铝套底部，从铝套底部顺次压制至铝套头部，完成压制。压制后的导线铝层不松股，压制完成样品如图 1-25 所示。

图 1-24　钢套管

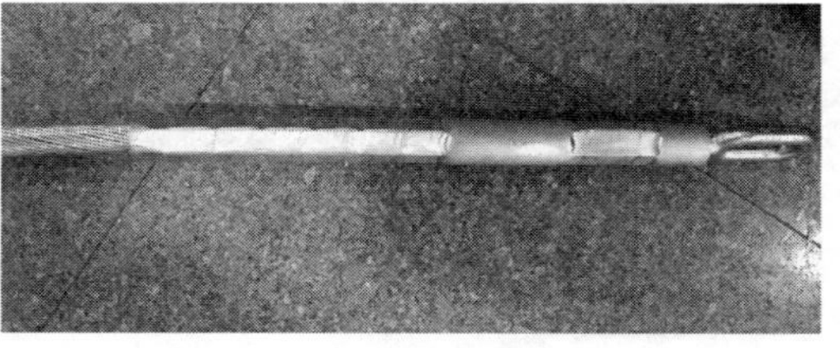

图 1-25　压制完成样品图

（3）安装试样：采用浇筑方式时，将试样的两头筑件分别装入金属套头中，起吊装置如图 1-26 所示。再分别将其插入拉力试验机的拉伸固定端和金属套头如图 1-27 所示。采用压制方式时，用实芯铸件插入固定端，将套管于铸件挂钩连接，实芯铸造件如图 1-28 所示，浇筑方式完成安装如图 1-29 所示，压制方式完成安装如图 1-30 所示。

（4）试样安装完毕后，合上防护盖开关，确保安全。

（5）软件清零，开始拉伸。试验期间负荷的增长速率应均匀，达到 30%RTS 的时间不小于 1min，也不大于 2min，整个试验期间应保持相同的负荷增长速率 20～100mm/min。随时注意拉伸过程中机台运行情况，防止意外事故的发生。

图 1-26　起吊装置

图 1-27　固定端和金属套头（其中，1 是固定端，2 是金属套头）

图 1-28　实芯铸件

图 1-29　采用浇筑方式完成安装

图 1-30　压制方式完成安装

（6）拉伸完毕后，开启防护罩，检查断裂情况，随后取下被测试样，将机台复位。

四、注意事项

（1）采用合金浇筑法和树脂浇筑法时，要在开展试验前，检查浇筑固化状态。一般经验，完成浇筑后，合金浇筑法需静置至少 4h，树脂浇筑法需静置至少 12h，以确保浇筑的端头完全固化。但注意，配方不同，固化时间可能会更长。

（2）采用合金浇筑时，浇筑的支架应与地面有足够的高度，从而减少样品在浇筑后冷却过程中，模具底部样品出现应力集中，一般经验至少有 1m 以上高度。样品浇筑时的弯曲如图 1-31 所示。

（3）夹具两端固定时，注意不要使样品发生轴向的扭曲。

（4）试样在拉断过程可能会局部拉断，应从拉伸曲线判断拉断力的取值，将导线中的任意单丝发生断裂时的力值作为结果。

（5）低熔点合金浇筑法在试验后可重新熔化筑件再次使用。但是要注意，用适当的工具去除里面的杂物，比如漏网，如图 1-32 所示。

图 1-31　样品浇筑时的弯曲

图 1-32　漏网

五、试验后的检查

（1）检查原始记录信息，如环境温度、空气相对湿度、试验条件、试验数据等。

（2）如果断裂发生在距离端头 1cm 以内，并且拉断力小于规定的要求时，则可重复试验，最多可试验 3 次。

（3）在样品没有发生断裂，但是力值下降导致试验终止时，检查两端浇筑顶部或套管端部记号笔的标记，如果导线从中被拉出，则此次试验作废。

六、结果判定

导线拉断力试验结果判定依据如表 1-37 所示。

表 1-37　　导线拉断力试验结果判定依据

试验项目	不合格现象	结果判定依据
导线拉断力	3 个结果的平均值小于额定拉断力	大于或等于额定拉断力

具体额定拉断力指标如表 1-38～表 1-41 所示。

表 1-38 GB/T 12527—2008 中硬铜芯额定拉断力

导体标称截面积（mm^2）	额定拉断力（N）	导体标称截面积（mm^2）	额定拉断力（N）	导体标称截面积（mm^2）	额定拉断力（N）
10	3471	50	16502	150	49505
16	5486	70	23461	185	61846
25	8465	95	31759	240	79823
35	11731	120	39911	—	—

表 1-39 GB/T 12527—2008 中铝芯、铝合金芯额定拉断力

导体标称截面积（mm^2）	铝额定拉断力（N）	铝合金额定拉断力（N）	导体标称截面积（mm^2）	铝额定拉断力（N）	铝合金额定拉断力（N）
10	1650	2514	120	17339	30164
16	2517	4022	150	21033	37706
25	3762	6284	185	26732	46503
35	5177	8800	240	34679	60329
50	7011	12569	300	43349	75411
70	10354	17596	400	55707	100548
95	13727	23880	—	—	—

表 1-40 GB/T 14049—2008 中硬铜芯、铝芯及铝合金芯额定拉断力

导体标称截面积（mm^2）	硬铜额定拉断力（N）	铝额定拉断力（N）	铝合金额定拉断力（N）	导体标称截面积（mm^2）	硬铜额定拉断力（N）	铝额定拉断力（N）	铝合金额定拉断力（N）
25	8465	3762	6284	150	49505	21033	37706
35	11731	5177	8800	185	61845	26732	46503
50	16502	7011	12569	240	79823	34679	60329
70	23461	10354	17596	300	99788	43349	75411
95	31759	13727	23880	400	133040	55707	100548
120	39911	17339	30164	—	—	—	—

表 1-41 9906-500027443-00001 中硬铜芯、铝芯及钢芯铝绞线芯额定拉断力

导体标称截面积（mm^2）	硬铜额定拉断力（N）	铝额定拉断力（N）	钢芯铝绞线额定拉断力（N）	导体标称截面积（mm^2）	硬铜额定拉断力（N）	铝额定拉断力（N）	钢芯铝绞线额定拉断力（N）
10	3471	1650	4120	95	31759	13727	35000
16	5486	2512	6130	120	39911	17339	41000
25	8465	3762	9290	150	49505	21033	54110
35	11731	5177	12630	185	61846	26732	64320
50	16502	7011	16870	240	79823	34679	83370
70	23461	10354	23390	300	—	—	—

七、案例分析

案例

1. 案例概况

型号为 JKLYJ-1 1×185 的绝缘架空导线的导线拉断力试验不合格。

图 1-33　试验布局图

2. 不合格现象描述

试验布局如图 1-33 所示。试验过程：标准要求导体拉断力最小 26732N，样品结果的平均值为 23319N，不合格。检查 3 个试样均断裂处在距离端头 1cm 以外，符合标准要求，试验结果确认。

3. 不合格原因分析

可能是导体的单丝拉力不达标，应按照例行检验要求对导体单丝拉力项目进行出厂检验；也可能是导体的绞合系数未控制好，应加强生产中的过程控制等。

第十三节　绝缘及护套材料老化试验

一、概述

1. 试验目的

电缆的导体在通电运行过程中会产生发热现象，在长期使用过程中，构成其绝缘及护套的高分子材料在氧、热的作用下发生裂解或聚合，影响其机械性能或电气性能。老化试验是通过对绝缘或护套材料，按有关产品标准的规定进行加速老化处理后，测定其抗张强度和断裂伸长率，来验证电缆的材料是否能够满足长期安全使用要求。

2. 试验依据

GB/T 2951.11—2008《电缆和光缆绝缘和护套材料通用试验方法　第 11 部分：通用试验方法—厚度和外形尺寸测量—机械性能试验》

GB/T 2951.12—2008《电缆和光缆绝缘和护套材料通用试验方法　第 12 部分：通用试验方法—热老化试验方法》

老化试验适用于电线电缆产品的抽样及型式试验。

3. 主要参数及定义

抗张强度：拉伸试件至断裂时记录的最大抗拉应力。

断裂伸长率：试件拉伸至断裂时，标记距离的增量与未拉伸试样的标记距离的百分比。

二、试验前准备

1. 试验装备与环境要求

试验设备：自然通风烘箱和压力通风烘箱。空气进入烘箱的方式应使空气流过试件表面，然后从烘箱顶部附近排出。在规定的老化温度下，烘箱内全部空气更换次数每小时不应少于 8 次，也不多于 20 次（GB/T 2951.12—2008 中 8.1.2 的规定）。抽检时推荐采用自然通风烘箱。

涉及的设备参数及精度要求见表 1-42 所示。

表 1-42　　绝缘及护套材料老化试验仪器设备

仪器设备名称	参数及精度要求
空气老化箱	1．温度点（℃）：70、80、90、100、105、135 等，精度要求：温度偏差不大于±2℃； 2．换气次数，精度要求：8～20 次/h
拉力试验机	1．拉力（N）：5、10、20、50、100、200、300、400、500，精度要求：示值误差不大于±1% 2．拉伸速度（mm/min）：25、250，精度要求：速度偏差不大于±1%
大哑铃刀、小哑铃刀	哑铃刀宽度，精度要求：尺寸偏差不大于±0.04mm
伸率尺	1．原始长度 10mm（10、20、30、40、50、60、70、80、90、100、110、120mm），精度要求：误差不大于±0.5mm； 2．原始长度 20mm（20、40、60、80、100、120、140、160、180、200mm），精度要求：误差不大于±0.5mm
刨片机、削片机或磨片机	—
冲片机	—

预处理：所有的试验应在绝缘和护套料挤出或硫化（或交联）后存放至少 16h 方可进行试验（GB/T 2951.12—2008 中第 5 章的规定）。

试验温度：除非另有规定，试验应在环境温度下进行（GB/T 2951.12—2008 中第 6 章的规定）。

2. 试验前的检查

（1）根据标准规定的样品老化温度，选择该温度点经过计量合格的老化箱。

（2）确认样品的材质，不同材质的样品不能用同一台老化箱进行试验。

（3）检查老化试验箱电源线是否连接完好，将老化箱开机预热到规定温度。

三、试验过程

是指对成品电缆的绝缘或护套，按标准规定的方法制备成一定数量的试样，按有关产品标准规定的老化温度及老化时间进行加速老化处理后，测定其抗张强度和断裂伸长率。

空气烘箱老化处理可以按有关电缆产品标准中的要求进行，包括对制备好的试件、对成品电缆试样、对失重试验。老化试验和失重试验可结合起来在同一试件上进行。

1. 试验原理和接线

老化试验样品在空气箱中的放置如图 1-34 所示，成品电缆段的附加老化试验如图 1-35 所示。样品与老化箱内壁应保持一定距离，以不超过老化箱校准合格有效的范围为宜。

图 1-34 样品进行空气箱老化

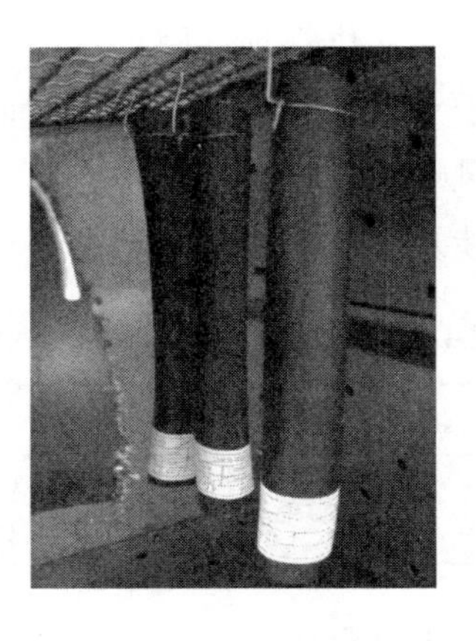

图 1-35 成品电缆段的附加老化

2. 试验方法

（1）不带导体的绝缘或护套材料试件的老化。老化应在环境空气组分和压力的大气中进行。按 GB/T 2951.11—2008 中第 9 章的规定准备的试件应垂直悬挂在烘箱的中部，每一试件与其他任何试件之间的间距至少为 20mm。若用于失重试验，则试件所占烘箱的容积不应大于 0.5%。

试件在烘箱中的温度和时间按有关电缆产品标准的规定。老化结束后从烘箱中取出试件，并在环境温度下放置至少 16h，避免阳光直接照射。然后按 GB/T 2951.11—2008 中 9.1.7 的对绝缘和护套进行拉力试验。

（2）成品电缆段的附加老化。从成品电缆上取三段各约 200mm 长样段，尽可能在靠近老化前拉力试验用试样处截取。样段应垂直悬挂在烘箱中部，与其他样段之间间距至少为 20mm，且样段所占烘箱的容积不应大于 2%。老化温度和时间按有关电缆产品标准的规定。

老化结束后即从烘箱中取出样段，并置于环境温度下至少 16h，避免阳光直接照射，然后剥开三个样段，按 GB/T 2951.11—2008 中第 9 章的规定从每一绝缘线芯（最多三芯）的绝缘上以及每段电缆的护套上各切取两个试件，这样从每一线芯和护套上可制取 6 个试件。若试件需削平或磨平至厚度不大于 2mm 时，则应尽可能不在成品电缆中间不同类型材料接触的这一边磨平或削平。如果必须在面向不同材料这一边削去凸脊或磨平，则该边所除去的材料应尽可能少，以适度平整为限。

截面积测量及预处理完后，全部试件按 GB/T 2951.11—2008 中第 9 章的进行拉力试验。

四、注意事项

（1）制取哑铃或管状试样时应避免损伤，制备的方法如“绝缘及护套材料拉力试验”章节所述。

（2）为确保老化前后性能具有可比性，需老化处理的试件应取自紧靠未老化试验用试件后面一段，老化和未老化试件的拉力试验应连续进行。

（3）为避免相互影响，组分明显不同的材料不应同时在同一个烘箱中进行试验。

（4）为保持老化箱环境的稳定性，试验结束前禁止打开老化箱箱门。

（5）应定期巡查并记录老化箱温度（建议不少于 1 次/天），确保试验温度始终处于标准允许的波动范围内。

五、试验后的检查

（1）检查原始记录信息，如环境温度、空气相对湿度、试验条件、试验数据等。

（2）检查样品断裂点发生位置，若断裂点发生在夹具内，试验结果应作废。

（3）检查管状试样内部是否有未处理干净的聚酯膜、细单丝，若有，试验结果应作废。

（4）必要时对样品及试验过程进行拍照或视频留证。如拉力试验一组有 5 个试样，当出现前 2 个试样不合格时，可对剩余 3 个试样的试验过程拍摄视频，以便溯源。视频应能体现试验日期、环境温湿度、拉伸速度等参数，若抗张强度不合格，视频中应能反映试样的拉断力数据；若断裂伸长率不合格，视频中应能反映试样断裂瞬间的伸长率数值；拍摄试验前后的样品照片；拍摄样品放置在老化箱中的状态照片等。

（5）保留试验后的样品以便溯源，保留时间建议 3 个月。

六、结果判定

绝缘及护套材料老化试验结果判定依据如表 1-43 所示。

表 1-43　　绝缘及护套材料老化试验结果判定依据

序号	试验项目	标准	结果判定依据	不合格现象（从最严重到最轻微排列）
1	绝缘抗张强度及断裂伸长率（空气箱老化后）	GB/T 12706.1《额定电压 1kV（U_m=1.2kV）到 35kV（U_m=40.5kV）挤包绝缘电力电缆及附件　第1部分：额定电压 1kV（U_m=1.2kV）和 3kV（U_m=3.6kV）电缆》	PVC/A：老化条件（100±2）℃，168h 抗张强度≥12.5N/mm^2，抗张强度变化率≤±25%； 断裂伸长率≥150%，断裂伸长率变化率≤±25%； XLPE：老化条件（135±3）℃，168h 抗张强度变化率≤±25%，断裂伸长率变化率≤±25%； EPR：老化条件（135±3）℃，168h 抗张强度变化率≤±30%，断裂伸长率变化率≤±30%； HEPR：老化条件（135±3）℃，168h 抗张强度变化率≤±30%，断裂伸长率变化率≤±30%	1. 样品融化； 2. 样品变形（延伸、收缩、扭曲）； 3. 试验结果不满足标准要求

续表

序号	试验项目	标准	结果判定依据	不合格现象（从最严重到最轻微排列）
2	绝缘抗张强度及断裂伸长率（空气箱老化后）	GB/T 12706.2《额定电压 1kV（U_m=1.2kV）到 35kV（U_m=40.5kV）挤包绝缘电力电缆及附件　第 2 部分：额定电压 6kV（U_m=7.2kV）到 30kV（U_m=36kV）电缆》	PVC/B：老化条件（100±2）℃，168h 抗张强度≥12.5N/mm²，抗张强度变化率≤±25%； 断裂伸长率≥150%，断裂伸长率变化率≤±25%； XLPE：老化条件（135±3）℃，168h 抗张强度变化率≤±25%，断裂伸长率变化率≤±25%； EPR：老化条件（135±3）℃，168h 抗张强度变化率≤±30%，断裂伸长率变化率≤±30%； HEPR：老化条件（135±3）℃，168h 抗张强度变化率≤±30%，断裂伸长率变化率≤±30%	1．样品融化； 2．样品变形（延伸、收缩、扭曲）； 3．试验结果不满足标准要求
3		GB/T 12527《额定电压 1kV 及以下架空绝缘电缆》	PVC：老化条件（80±2）℃，168h 抗张强度≥12.5MPa，抗张强度变化率≤±20%； 断裂伸长率≥150%，断裂伸长率变化率≤±20%； PE：老化条件（100±2）℃，240h 断裂伸长率≥300%； XLPE：老化条件（135±2）℃，168h 抗张强度变化率≤±25%，断裂伸长率变化率≤±25%	
4		GB/T 14049《额定电压 10kV 架空绝缘电缆》	XLPE：老化条件（135±3）℃，168h 抗张强度变化率≤±25%，断裂伸长率变化率≤±25%； HDPE：老化条件（100±2）℃，240h 断裂伸长率≥300%	
5		GB/T 9330.2《塑料绝缘控制电缆　第 2 部分：聚氯乙烯绝缘和护套控制电缆》	PVC/A：老化条件（100±2）℃，168h 抗张强度≥12.5N/mm²，抗张强度变化率≤±25%； 断裂伸长率≥150%，断裂伸长率变化率≤±25%； PVC/D：老化条件（80±2）℃，168h 抗张强度≥10.0N/mm²，抗张强度变化率≤±20%； 断裂伸长率≥150%，断裂伸长率变化率≤±20%	试验结果不满足标准要求
6		GB/T 9330.3《塑料绝缘控制电缆　第 3 部分：交联聚乙烯绝缘控制电缆》	XLPE：老化条件（135±3）℃，168h 抗张强度变化率≤±25%，断裂伸长率变化率≤±25%	1．样品融化； 2．样品变形（延伸、收缩、扭曲）； 3．试验结果不满足标准要求
7		GB/T 5023.3《额定电压 450/750V 及以下聚氯乙烯绝缘电缆　第 3 部分：固定布线用无护套电缆》	PVC/C：老化条件（80±2）℃，168h 抗张强度≥12.5N/mm²，抗张强度变化率≤±20%； 断裂伸长率≥125%，断裂伸长率变化率≤±20%	试验结果不满足标准要求

续表

序号	试验项目	标准	结果判定依据	不合格现象（从最严重到最轻微排列）
8	绝缘抗张强度及断裂伸长率（空气箱老化后）	GB/T 19666《阻燃和耐火电线电缆通则》	WJ1：老化条件（100±2）℃，168h 抗张强度变化率≤±30%； 断裂伸长率≥100%，断裂伸长率变化率≤±40%； WJ2：老化条件（135±2）℃，168h 抗张强度变化率≤±30%，断裂伸长率变化率≤±30%	1．样品融化； 2．样品变形（延伸、收缩、扭曲）； 3．试验结果不满足标准要求
9		《国家电网公司总部　配网标准化物资固化技术规范书　20kV 电力电缆（10GH-500030091-00004）》	XLPE：老化条件（135±3）℃，168h 抗张强度变化率≤±25%，断裂伸长率变化率≤±25%	
10		《国家电网公司总部　配网标准化物资固化技术规范书　1kV 架空绝缘导线（9906-500027443-00001）》	PVC：老化条件（80±2）℃，168h 抗张强度≥12.5MPa，抗张强度变化率≤±20%； 断裂伸长率≥150%，断裂伸长率变化率≤±20%； PE：老化条件（100±2）℃，240h 断裂伸长率≥300%； XLPE：老化条件（135±2）℃，168h 抗张强度变化率≤±25%，断裂伸长率变化率≤±25%	
11		《架空绝缘导线，AC 20kV 招标文件》	XLPE：老化条件（135±3）℃，168h 抗张强度变化率≤±25%，断裂伸长率变化率≤±25%	
12	绝缘抗张强度及断裂伸长率（成品电缆段附加老化后）	GB/T 12706.1《额定电压 1kV（U_m=1.2kV）到 35kV（U_m=40.5kV）挤包绝缘电力电缆及附件　第 1 部分：额定电压 1kV（U_m=1.2kV）和 3kV（U_m=3.6kV）电缆》	PVC/A：老化条件（80±2）℃，168h 抗张强度变化率≤±25%，断裂伸长率变化率≤±25%； XLPE：老化条件（100±2）℃，168h 抗张强度变化率≤±25%，断裂伸长率变化率≤±25%； EPR：老化条件（100±2）℃，168h 抗张强度变化率≤±30%，断裂伸长率变化率≤±30%； HEPR：老化条件（100±2）℃，168h 抗张强度变化率≤±30%，断裂伸长率变化率≤±30%	试验结果不满足标准要求
13		GB/T 12706.2《额定电压 1kV（U_m=1.2kV）到 35kV（U_m=40.5kV）挤包绝缘电力电缆及附件　第 2 部分：额定电压 6kV（U_m=7.2kV）到 30kV（U_m=36kV）电缆》	PVC/B：老化条件（80±2）℃，168h 抗张强度变化率≤±25%，断裂伸长率变化率≤±25%； XLPE：老化条件（100±2）℃，168h 抗张强度变化率≤±25%，断裂伸长率变化率≤±25%； EPR：老化条件（100±2）℃，168h 抗张强度变化率≤±30%，断裂伸长率变化率≤±30%； HEPR：老化条件（100±2）℃，168h 抗张强度变化率≤±30%，断裂伸长率变化率≤±30%	

续表

序号	试验项目	标准	结果判定依据	不合格现象（从最严重到最轻微排列）
14	绝缘抗张强度及断裂伸长率（成品电缆段附加老化后）	《国家电网公司总部　配网标准化物资固化技术规范书　20kV 电力电缆（10GH-500030091-00004）》	XLPE：老化条件（100±2）℃，168h 抗张强度变化率≤±25%，断裂伸长率变化率≤±25%	试验结果不满足标准要求
15	护套抗张强度及断裂伸长率（空气箱老化后）	GB/T 12706.1《额定电压 1kV（U_m=1.2kV）到 35kV（U_m=40.5kV）挤包绝缘电力电缆及附件　第 1 部分：额定电压 1kV（U_m=1.2kV）和 3kV（U_m=3.6kV）电缆》	ST1：老化条件（100±2）℃，168h 抗张强度≥12.5N/mm^2，抗张强度变化率≤±25%； 断裂伸长率≥150%，断裂伸长率变化率≤±25%； ST2：老化条件（100±2）℃，168h 抗张强度≥12.5N/mm^2，抗张强度变化率≤±25%； 断裂伸长率≥150%，断裂伸长率变化率≤±25%； ST3：老化条件（100±2）℃，240h 断裂伸长率≥300%； ST7：老化条件（110±2）℃，240h 断裂伸长率≥300%； ST8：老化条件（100±2）℃，168h 抗张强度≥9.0N/mm^2，抗张强度变化率≤±40%； 断裂伸长率≥100%，断裂伸长率变化率≤±40%； SE1：老化条件（100±2）℃，168h 抗张强度变化率≤±30%； 断裂伸长率≥250%，断裂伸长率变化率≤±40%	1．样品融化； 2．样品变形（延伸、收缩、扭曲）； 3．试验结果不满足标准要求
16		GB/T 12706.2《额定电压 1kV（U_m=1.2kV）到 35kV（U_m=40.5kV）挤包绝缘电力电缆及附件　第 2 部分：额定电压 6kV（U_m=7.2kV）到 30kV（U_m=36kV）电缆》	ST1：老化条件（100±2）℃，168h 抗张强度≥12.5N/mm^2，抗张强度变化率≤±25%； 断裂伸长率≥150%，断裂伸长率变化率≤±25%； ST2：老化条件（100±2）℃，168h 抗张强度≥12.5N/mm^2，抗张强度变化率≤±25%； 断裂伸长率≥150%，断裂伸长率变化率≤±25%； ST3：老化条件（100±2）℃，240h 断裂伸长率≥300%； ST7：老化条件（110±2）℃，240h 断裂伸长率≥300%； SE1：老化条件（100±2）℃，168h 抗张强度变化率≤±30%； 断裂伸长率≥250%，断裂伸长率变化率≤±40%	
17		GB/T 9330.2《塑料绝缘控制电缆　第 2 部分：聚氯乙烯绝缘和护套控制电缆》	ST1：老化条件（100±2）℃，168h 抗张强度≥12.5N/mm^2，抗张强度变化率≤±25%； 断裂伸长率≥150%，断裂伸长率变化率≤±25%；	试验结果不满足标准要求

续表

序号	试验项目	标准	结果判定依据	不合格现象（从最严重到最轻微排列）
17	护套抗张强度及断裂伸长率（空气箱老化后）	GB/T 9330.2《塑料绝缘控制电缆　第2部分：聚氯乙烯绝缘和护套控制电缆》	ST5：老化条件（80±2）℃，168h 抗张强度≥10.0N/mm²，抗张强度变化率≤±20%； 断裂伸长率≥150%，断裂伸长率变化率≤±20%	试验结果不满足标准要求
18		GB/T 9330.3《塑料绝缘控制电缆　第3部分：交联聚乙烯绝缘控制电缆》	PVC：老化条件（100±2）℃，168h 抗张强度≥12.5N/mm²，抗张强度变化率≤±25%； 断裂伸长率≥150%，断裂伸长率变化率≤±25%； 抗张强度≥12.5N/mm²，断裂伸长率≥150%； 聚烯烃：老化条件（100±2）℃，168h 抗张强度≥7.0N/mm²，抗张强度变化率≤±30%； 断裂伸长率≥110%，断裂伸长率变化率≤±30%	1．样品融化； 2．样品变形（延伸、收缩、扭曲）； 3．试验结果不满足标准要求
19		GB/T 19666《阻燃和耐火电线电缆通则》	WH1：老化条件（100±2）℃，168h 抗张强度≥7.0MPa，抗张强度变化率≤±30%； 断裂伸长率≥110%，断裂伸长率变化率≤±30%； WH2：老化条件（120±2）℃，168h 抗张强度变化率≤±30%，断裂伸长率变化率≤±30%	
20		《国家电网公司总部　配网标准化物资固化技术规范书　20kV电力电缆（10GH-500030091-00004）》	ST2：老化条件（100±2）℃，168h 抗张强度≥12.5N/mm²，抗张强度变化率≤±25%； 断裂伸长率≥150%，断裂伸长率变化率≤±25%； ST7：老化条件（110±2）℃，240h 断裂伸长率≥300%	
21	护套抗张强度及断裂伸长率（成品电缆段附加老化后）	GB/T 12706.1《额定电压1kV（U_m=1.2kV）到35kV（U_m=40.5kV）挤包绝缘电力电缆及附件　第1部分：额定电压1kV（U_m=1.2kV）和3kV（U_m=3.6kV）电缆》	ST1：老化条件（90±2）℃，168h 抗张强度变化率≤±25%，断裂伸长率变化率≤±25%； ST2：老化条件（100±2）℃，168h 抗张强度变化率≤±25%，断裂伸长率变化率≤±25%； ST3：老化条件（90±2）℃，168h 断裂伸长率≥300%； ST7：老化条件（100±2）℃，168h 断裂伸长率≥300%； ST8：老化条件（100±2）℃，168h 抗张强度变化率≤±40%，断裂伸长率变化率≤±40%； SE1：老化条件（95±2）℃，168h 抗张强度变化率≤±30%，断裂伸长率变化率≤±40%	试验结果不满足标准要求

续表

序号	试验项目	标准	结果判定依据	不合格现象（从最严重到最轻微排列）
22	护套抗张强度及断裂伸长率（成品电缆段附加老化后）	GB/T 12706.2《额定电压 1kV（U_m=1.2kV）到 35kV（U_m=40.5kV）挤包绝缘电力电缆及附件　第2部分：额定电压 6kV（U_m=7.2kV）到 30kV（U_m=36kV）电缆》	ST1：老化条件（90±2）℃，168h 抗张强度变化率≤±25%，断裂伸长率变化率≤±25%； ST2：老化条件（100±2）℃，168h 抗张强度变化率≤±25%，断裂伸长率变化率≤±25%； ST3：老化条件（90±2）℃，168h 断裂伸长率≥300%； ST7：老化条件（100±2）℃，168h 断裂伸长率≥300%； SE1：老化条件（95±2）℃，168h 抗张强度变化率≤±30%，断裂伸长率变化率≤±40%	试验结果不满足标准要求
23		《国家电网公司总部　配网标准化物资固化技术规范书　20kV 电力电缆（10GH-500030091-00004）》	ST2：老化条件（100±2）℃，168h 抗张强度变化率≤±25%，断裂伸长率变化率≤±25%； ST7：老化条件（100±2）℃，168h 断裂伸长率≥300%	

七、案例分析

案例一

1. 案例概况

型号为 KYJV-450/750 7×1.5 的交联聚乙烯绝缘聚氯乙烯护套控制电缆，绝缘材料为交联聚乙烯（XLPE），产品执行标准为 GB/T 9330.3—2008，绝缘老化试验不合格。

2. 不合格现象描述

GB/T 9330.3—2008 要求，该产品绝缘的老化温度为（135±3）℃，时间 168h，抗张强度和断裂伸长率变化率均不超过±25%。该样品测量结果是样品熔化，判定试验不合格。样品熔化如图 1-36 所示。

图 1-36　样品熔化图

3. 不合格原因分析

（1）原材料质量问题：交联聚乙烯（XLPE）材料为热固性材料，样品发生熔化一般为使用了非交联材料，比如使用了热塑性的聚乙烯（PE）材料，达不到交联材料的耐温等级，在高温下发生熔化。

（2）试验方法问题：老化箱运行过程中温度失控，骤然升高，也可能导致样品熔化，此时应核查试验期间老化箱的温度情况。

案例二

1. 案例概况

型号为 YJV-0.6/1kV 5×6 的交联聚乙烯绝缘聚氯乙烯护套电力电缆，绝缘材料为交联聚乙烯（XLPE），产品执行标准为 GB/T 12706.1—2008，绝缘老化试验不合格。

2. 不合格现象描述

GB/T 12706.1—2008 要求，该产品绝缘的老化温度为（135±3）℃，时间 168h，抗张强度和断裂伸长率变化率均不超过±25%，该样品测量结果：红芯抗张强度变化率+67%，断裂伸长率变化率+29%；绿芯抗张强度变化率–56%，断裂伸长率变化率–88%；绿芯抗张强度变化率–60%，断裂伸长率变化率–91%，判定试验不合格。

3. 不合格原因分析

（1）原材料质量问题：如原材料中含有回料，或杂质过多。

（2）生产工艺问题：如混料不均匀导致产品交联不均匀造成性能不稳定；挤出温度及压力控制不合理导致产品未充分交联或过交联；绝缘受潮导致挤出时内部产生气孔影响机械性能等。

（3）试验方法问题：核查老化期间老化箱温度是否正常；是否有不同材质的样品在同一个老化箱中试验，造成样品的污染。

（4）条件允许的情况下，建议对不合格样品重新取样进行复测。复测时可更换原试验人员或试验设备，试验时拉伸速度为（25±5）mm/min，试验结果以复测结果为准。

第十四节 绝缘及护套材料拉力试验

一、概述

1. 试验目的

电缆在搬运、敷设及使用过程中，难免会受到拉伸、弯曲等外力影响，为保证电缆在这些外力下不发生开裂影响其正常使用，要求电缆的绝缘及护套材料具备一定的机械强度。绝缘及护套材料拉力试验，通过测定未经过老化处理或按有关产品标准中规定的加速老化处理后的样品的抗张强度和断裂伸长率，来验证电缆材料的机械强度是否能满足预期使用要求。

2. 试验依据

GB/T 2951.11—2008《电缆和光缆绝缘和护套材料通用试验方法　第 11 部分：通用试

验方法—厚度和外形尺寸测量—机械性能试验》

绝缘及护套材料拉力试验适用于电线电缆产品的抽样及型式试验。

3．主要参数及定义

最大拉力：试验期间负荷达到的最大值。

抗张应力：试件未拉伸时的单位面积上的拉力。

抗张强度：拉伸试件至断裂点时记录的最大抗张应力。

断裂伸长率：试件拉伸至断裂时标记距离的增量与未拉伸试样的标记距离的百分比。

中间值：将获得的数个试验数据以递增或递减次序排列，当有效数据个数为奇数时，中间值为正中间一个数值，若为偶数时，则中间值为中间两个数值的平均值。

二、试验前准备

1．试验装备与环境要求

抗张强度、断裂伸长率项目主要设备参数及精度要求见表 1-44 所示。

表 1-44　　绝缘及护套材料拉力试验仪器设备

仪器设备名称	参数及精度要求
拉力试验机	1．拉力（N）：5、10、20、50、100、200、300、400、500，精度要求为示值误差不大于±1%； 2．拉伸速度（mm/min）：25、250，精度要求为速度偏差不大于±1%
大哑铃刀、小哑铃刀	哑铃刀宽度，尺寸偏差为±0.04mm
伸率尺	1．测量 10、20、30、40、50、60、70、80、90、100、110、120mm 的尺寸时，精度要求为误差不大于±0.5mm。 2．测量 20、40、60、80、100、120、140、160、180、200mm 的尺寸时，精度要求为误差不大于±0.5mm
刨片机、削片机或磨片机	—
冲片机	—

预处理：所有的试验应在绝缘和护套料挤出或硫化（或交联）后存放至少 16h 方可进行。除非另有规定，试验前所有试样包括老化或未老化的试样应在温度（23±5）℃下至少保持 3h（GB/T 2951.11—2008 中第 5 章的规定）。

2．试验前的检查

（1）检查设备电源线是否连接完好。

（2）根据试样类型（哑铃试件或管状试件），选择相应的夹具。

（3）检查拉力机的上下限位是否调节合理。

（4）进行拉力机运行检查，方法是：用校准过的额定重量的砝码，悬挂在拉力机上夹头上，设备拉力示值与实际重量误差不超过±0.5%为宜。拉力机运行检查的频次，建议每天试验前开展 1 次，并做好记录。

三、试验过程

试验过程是指对成品电缆的绝缘或护套，按标准要求制备一定数量的试样，在规定的环境条件下，测定其抗张强度和断裂伸长率。

1. 试验原理和接线

抗张强度和断裂伸长率试验应使用哑铃试件或管状试件。

哑铃试件试验时的安装如图 1-37 所示，使用平夹头；管状试件试验时的安装如图 1-38 所示，使用的是圆夹头。断裂伸长率测量如图 1-39 所示，图 1-39 中是用伸率尺进行测量。

图 1-37　哑铃片试样安装图

图 1-38　管状试件安装图

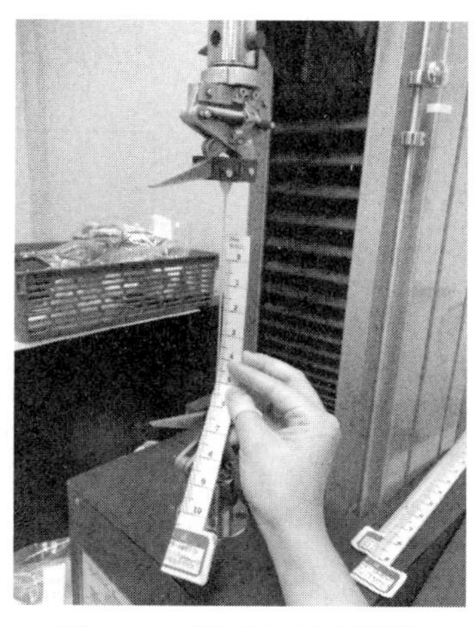

图 1-39　断裂伸长率测量

2. 试验方法

（1）取样。从每个被试电缆绝缘线芯或护套试样上切取足够长的样段，具体要求为：

1）只进行老化前拉力试验——样段长度需供制取老化前机械性能试验用试件至少 5 个，制备每个试件的取样长度要求 100mm。

2）需进行老化试验——样段长度需供制取老化前机械性能试验用试件至少 5 个、老化后机械性能试验用试件至少 5 个，制备每个试件的取样长度要求 100mm。

（2）试件制备及处理。

1）哑铃试件。尽可能使用哑铃试件。

制备绝缘哑铃试件时，将绝缘线芯轴向切开，抽出导体，从绝缘试样上制取哑铃试件。绝缘内、外两侧若有半导电层，应用机械方法去除而不应使用溶剂。每一绝缘试样应切成适当长度的试条，在试条上标上记号，以识别取自哪个试样及其在试样上彼此相关的位置。绝缘试条应磨平或削平，使标记线之间具有平行的表面。磨平时应注意避免过热。对 PE 和 PP 绝缘只能削平而不能磨平。试条厚度不应小于 0.8mm，不大于 2.0mm。如果不能获得 0.8mm 的厚度，允许最小厚度为 0.6mm。在制备好的绝缘试条上冲切哑铃试件，如有可能，应并排冲切两个哑铃试件。当绝缘线芯直径太小不能用冲模冲切图 1-40 的大哑铃试件时，可用冲模冲切图 1-41 的小哑铃试件。

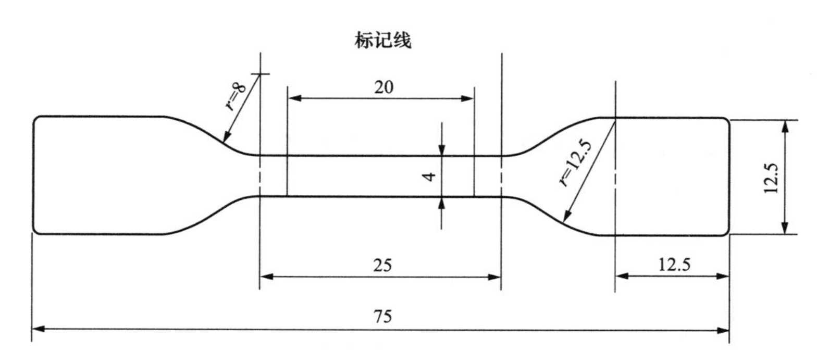

图 1-40　大哑铃件尺寸（单位：mm）

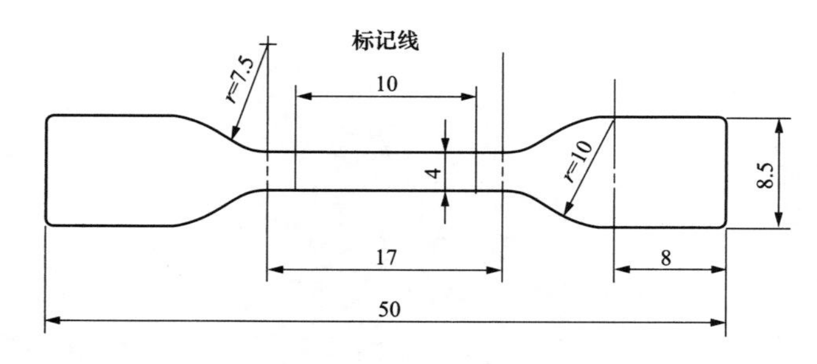

图 1-41　小哑铃件尺寸（单位：mm）

拉力试验前，在每个哑铃试件的中央标上两条标记线，其中大哑铃试件为 20mm，小哑铃试件为 10mm。

允许哑铃试件的两端不完整，只要断裂点发生在标记线之间。

制备护套哑铃试件时，沿电缆轴向切开护套，切取一窄条，将窄条内的所有电缆元件全部除去。如果窄条内有凸脊或压印，则应磨平或削平。对于 PE 和 PP 护套，只能削平。（注：对于 FE 护套，如果护套比较厚，但两面均光滑，则哑铃试件厚度不需削到 2.0mm。）

2）管状试件。只有当绝缘线芯或电缆尺寸不能制备哑铃试件时才使用管状试件。

制备绝缘管状试件时，将线芯试样切成约 100mm 长的小段，抽出导体，去除所有外护层，注意不要损伤绝缘。每个管状试件均标上记号，以识别取自哪个试样及其在试样上彼此相关的位置。为方便抽取导体可采用下述一个或多个操作方法：①拉伸硬导体；②在小的机械力作用下小心滚动绝缘线芯；③如果是绞合线芯或软导体，可先抽取中心 1 根或几根导体。导体抽出后，将隔离层（如有的话）除去。如有困难，可使用下述任一种方法：如是纸隔离层，浸入水中；如是聚酯隔离层，浸入酒精中；在光滑的平面上滚动绝缘。

如果有隔离层或导体遗留在管状试件内，那么在拉力试验过程中试样拉伸时会发现试件不规整，这种情况下该试验结果应作废。

拉力试验前，在每个管状试件的中间部位标上两个标记，间距为 20mm。

在测量截面积前，所有的试件应避免阳光的直射，并在（23±5）℃温度下存放至少 3h，但热塑性绝缘材料（如 PVC 材料）试件的存放温度为（23±2）℃。

制备护套管状试件时，护套内的全部电缆元件，包括绝缘线芯、填充物和内护层均应

除去，试件的处理参考绝缘的处理方法。

（3）截面积的测量。

1）哑铃试件：每个试件的截面积是试件宽度和测量的最小厚度的乘积，试件的宽度和厚度应按如下方法测量。

宽度：

——任意选取三个试件测量它们的宽度，取最小值作为该组哑铃试件的宽度。

——如果对宽度的均匀性有疑问，则应在三个试件上分别取三处测量其上、下两边的宽度，计算上、下测量处测量值的平均值。取三个试件的 9 个平均值中的最小值为该组哑铃试件的宽度。如还有疑问，应在每个试件上测量宽度。

厚度：

——每个试件的厚度取拉伸区域内三处测量值的最小值。

应使用光学仪器或指针式测厚仪进行测量，测量时接触压力不超过 0.07N/mm^2。

测量厚度时的误差应不大于 0.01mm，测量宽度时的误差不应大于 0.04mm。

如有疑问，并在技术上也可行的情况下，应使用光学仪器。或者也可使用接触压力不大于 0.02N/mm^2 的指针式测厚仪。

注：如果哑铃试片的中间部分成弧状，可使用带合适弧形测量头的指针式测厚仪。

2）管状试件：在试样中间处截取一个试件，用下述测量方法测量其截面积 A，mm^2。

$$A=\pi(D-\delta)\delta \tag{1-8}$$

式中　δ——绝缘厚度平均值，mm，修约到小数点后两位；

D——管状试样外径的平均值，mm，修约到小数点后两位。

（4）拉力试验步骤。试验应在（23±5）℃温度下进行。对热塑性绝缘材料有疑问时，试验应在（23±2）℃温度下进行。

拉力试验机的夹头可以是自紧式夹头，也可以是非自紧式夹头。夹头之间的总间距：小哑铃试件为 34mm，大哑铃试件为 50mm；用自紧式夹头试验时，管状试件为 50mm，用非自紧式夹头试验时，管状试件为 85mm。

夹头移动速度为（250±50）mm/min，但 PE 或 PP 绝缘或含有这些材料的绝缘，其移动速度应为（25±5）mm/min。有疑问时，移动速度应为（25±5）mm/min。

试验期间测量并记录最大拉力，同时在同一试件上测量断裂时两个标记线之间的距离。

在夹头处拉断的任何试件的试验结果均应作废，在这种情况下，计算抗张强度和断裂伸长率至少需要 4 个有效数据，否则试验应重做。

四、注意事项

（1）有机械损伤的任何试样均不应用于试验，为了提高试验结果的可靠性，制取哑铃试样时推荐采取下列措施：冲模（哑铃刀）应非常锋利以减少试件上的缺陷；在试条和底板之间放置一硬纸板或其他适当的垫片；避免试件两边的毛刺。

（2）制备橡皮绝缘管状试件，如导体和绝缘之间有粘连，可在光滑的平面上小心滚动绝缘线芯，使得导体和绝缘能够分离，滚动过程中注意力度，避免损伤绝缘；制备橡皮材料哑铃试件，应采用磨平的方式，磨片过程中应避免试样过热，对于较厚的试样可分次打磨以免试样拉伸变形。

（3）对 PE 和 PP 材料的绝缘或护套材料，制取哑铃试件时应削平而不能磨平。

（4）如需进行老化前后拉力试验，需老化处理的试件应取自紧靠未老化试验用试件后面一段，老化和未老化试件的拉力试验应连续进行。如有必要增加试验的可靠性，推荐由同一操作人员、使用同一种测试方法、在同一个实验室的同一台机器上对老化和未老化试件进行试验。

五、试验后的检查

（1）检查原始记录信息，如环境温度、空气相对湿度、试验条件、试验数据等。

（2）出现不合格时，应确认试验环境温度、试验参数（拉伸速度）是否符合标准规定要求。

（3）检查样品断裂点发生位置，若断裂点发生在夹具内，试验结果应作废。

（4）检查管状试样内部是否有未处理干净的聚酯膜、细单丝，若有，试验结果应作废。

（5）必要时对样品及试验过程进行拍照或视频留证。如拉力试验一组有 5 个试样，当出现前 2 个试样不合格时，可对剩余 3 个试样的试验过程拍摄视频，以便溯源。视频应能体现试验日期、环境温湿度、拉伸速度等参数，若抗张强度不合格，视频中应能反映试样的拉断力数据；若断裂伸长率不合格，视频中应能反映试样断裂瞬间的伸长率数值。拍摄试验前后的样品照片留存。

（6）保留试验后的样品以便溯源，保留时间建议 3 个月。

六、结果判定

绝缘及护套材料拉力试验结果判定依据如表 1-45 所示。

表 1-45　　绝缘及护套材料拉力试验结果判定依据

序号	试验项目	标准	结果判定依据
1	绝缘抗张强度及断裂伸长率（老化前）	GB/T 12706.1—2008《额定电压 1kV（U_m=1.2kV）到 35kV（U_m=40.5kV）挤包绝缘电力电缆及附件　第 1 部分：额定电压 1kV（U_m=1.2kV）和 3kV（U_m=3.6kV）电缆》	PVC/A：抗张强度≥12.5N/mm^2，断裂伸长率≥150%； XLPE：抗张强度≥12.5N/mm^2，断裂伸长率≥200%； EPR：抗张强度≥8.5N/mm^2，断裂伸长率≥200%； HEPR：抗张强度≥4.2N/mm^2，断裂伸长率≥200%
2		GB/T 12706.2—2008《额定电压 1kV（U_m=1.2kV）到 35kV（U_m=40.5kV）挤包绝缘电力电缆及附件　第 2 部分：额定电压 6kV（U_m=7.2kV）到 30kV（U_m=36kV）电缆》	PVC/B：抗张强度≥12.5N/mm^2，断裂伸长率≥150%； XLPE：抗张强度≥12.5N/mm^2，断裂伸长率≥200%； EPR：抗张强度≥8.5N/mm^2，断裂伸长率≥200%； HEPR：抗张强度≥4.2N/mm^2，断裂伸长率≥200%

续表

序号	试验项目	标准	结果判定依据
3	绝缘抗张强度及断裂伸长率（老化前）	GB/T 12527—2008《额定电压 1kV 及以下架空绝缘电缆》	PVC：抗张强度≥12.5MPa，断裂伸长率≥150%； PE：抗张强度≥10MPa，断裂伸长率≥300%； XLPE：抗张强度≥12.5MPa，断裂伸长率≥200%
4		GB/T 14049—2008《额定电压 10kV 架空绝缘电缆》	XLPE：抗张强度≥12.5MPa，断裂伸长率≥200%； HDPE：抗张强度≥10.0MPa，断裂伸长率≥300%
5		GB/T 9330.2—2008《塑料绝缘控制电缆　第 2 部分：聚氯乙烯绝缘和护套控制电缆》	PVC/A：抗张强度≥12.5N/mm^2，断裂伸长率≥150%； PVC/D：抗张强度≥10.0N/mm^2，断裂伸长率≥150%
6		GB/T 9330.3—2008《塑料绝缘控制电缆　第 3 部分：交联聚乙烯绝缘控制电缆》	XLPE：抗张强度≥12.5N/mm^2，断裂伸长率≥200%
7		GB/T 5023.3—2008《额定电压 450/750V 及以下聚氯乙烯绝缘电缆　第 3 部分：固定布线用无护套电缆》	PVC/C：抗张强度≥12.5N/mm^2，断裂伸长率≥125%
8		GB/T 19666—2005《阻燃和耐火电线电缆通则》	WJ1：抗张强度≥9.0MPa，断裂伸长率≥125%； WJ2：抗张强度≥10.0MPa，断裂伸长率≥125%
9		《国家电网公司总部　配网标准化物资固化技术规范书　20kV 电力电缆（10GH-500030091-00004）》	XLPE：抗张强度≥12.5N/mm^2，断裂伸长率≥200%
10		《国家电网公司总部　配网标准化物资固化技术规范书　1kV 架空绝缘导线（9906-500027443-00001）》	PVC：抗张强度≥12.5MPa，断裂伸长率≥150%； PE：抗张强度≥10MPa，断裂伸长率≥300%； XLPE：抗张强度≥12.5MPa，断裂伸长率≥200%
		《架空绝缘导线（AC20kV 招标文件）》	XLPE：抗张强度≥12.5MPa，断裂伸长率≥200%
11	护套抗张强度及断裂伸长率（老化前）	GB/T 12706.1—2008《额定电压 1kV（U_m=1.2kV）到 35kV（U_m=40.5kV）挤包绝缘电力电缆及附件　第 1 部分：额定电压 1kV（U_m=1.2kV）和 3kV（U_m=3.6kV）电缆》	ST1：抗张强度≥12.5N/mm^2，断裂伸长率≥150%； ST2：抗张强度≥12.5N/mm^2，断裂伸长率≥150%； ST3：抗张强度≥10.0N/mm^2，断裂伸长率≥300%； ST7：抗张强度≥12.5N/mm^2，断裂伸长率≥300%； ST8：抗张强度≥9.0N/mm^2，断裂伸长率≥125%； SE1：抗张强度≥10.0N/mm^2，断裂伸长率≥300%
12		GB/T 12706.2—2008《额定电压 1kV（U_m=1.2kV）到 35kV（U_m=40.5kV）挤包绝缘电力电缆及附件第 2 部分：额定电压 6kV（U_m=7.2kV）到 30kV（U_m=36kV）电缆》	ST1：抗张强度≥12.5N/mm^2，断裂伸长率≥150%； ST2：抗张强度≥12.5N/mm^2，断裂伸长率≥150%； ST3：抗张强度≥10.0N/mm^2，断裂伸长率≥300%； ST7：抗张强度≥12.5N/mm^2，断裂伸长率≥300%； SE1：抗张强度≥10.0N/mm^2，断裂伸长率≥300%
13		GB/T 9330.2—2008《塑料绝缘控制电缆　第 2 部分：聚氯乙烯绝缘和护套控制电缆》	ST1：抗张强度≥12.5N/mm^2，断裂伸长率≥150%； ST5：抗张强度≥10.0N/mm^2，断裂伸长率≥150%
14		GB/T 9330.3—2008《塑料绝缘控制电缆　第 3 部分：交联聚乙烯绝缘控制电缆》	PVC：抗张强度≥12.5N/mm^2，断裂伸长率≥150%； 聚烯烃：抗张强度≥9.0N/mm^2，断裂伸长率≥125%
15		GB/T 19666—2005《阻燃和耐火电线电缆通则》	WH1：抗张强度≥9.0MPa，断裂伸长率≥125%； WH2：抗张强度≥9.0MPa，断裂伸长率≥125%
16		《国家电网公司总部　配网标准化物资固化技术规范书　20kV 电力电缆（10GH-500030091-00004）》	ST2：抗张强度≥12.5N/mm^2，断裂伸长率≥150%； ST7：抗张强度≥12.5N/mm^2，断裂伸长率≥300%

七、案例分析

案例

1. 案例概况

型号为 60227 IEC 01（BV）450/750V 1×4 的一般用途单芯硬导体无护套电缆，绝缘材料为聚氯乙烯（PVC），产品执行标准为 GB/T 5023.3—2008，绝缘老化前抗张强度项目不合格。

2. 不合格现象描述

GB/T 5023.3—2008 要求，该产品绝缘老化前抗张强度标准值为不小于 12.5N/mm^2。该样品的测量结果为 9.4N/mm^2，判定为不合格。

3. 不合格原因分析

（1）原材料质量问题：如原材料中含有回料，或杂质过多。

（2）原材料配方问题：如增塑剂过多，导致抗张强度偏低；配比不合理等。

（3）生产工艺问题：如混料不均匀导致产品塑化不均匀，造成性能不稳定；挤出温度及压力控制不合理导致产品未充分塑化，或绝缘内部产生气孔，导致产品机械性能不合格。

（4）试验方法问题：样品的抗张强度为拉断力与样品横截面积的比值，若管状试样的横截面积测量有误差，则会对试验结果产生影响，尤其试验结果处于临界时，此时应核查样品截面积测量值是否准确。

（5）条件允许的情况下，建议对不合格样品重新取样进行复测。复测时可更换原试验人员或试验设备，试验时拉伸速度为（25±5）mm/min，试验结果以复测结果为准。

第十五节 电缆材料氙灯耐候老化试验

一、概述

1. 试验目的

电缆绝缘和护套使用的塑料或橡皮等高分子聚合物都具有光老化的特点，光老化的实质是由于材料受到光辐射而吸收光能引起大分子链断裂、交联等化学反应，使材料性能变劣，如变色、表面龟裂、硬化及电性能和力学性能下降。氙灯耐候老化试验通过相应设备模拟电缆的实际使用环境，规定时间后通过测试其抗张强度和断裂伸长率的变化率，来考核电缆材料的耐环境性能。

2. 试验依据

GB/T 12527—2008《额定电压 1kV 及以下架空绝缘电缆》

GB/T 14049—2008《额定电压 10kV 架空绝缘电缆》

耐日光老化项目适用于电线电缆产品的抽样及型式试验。

3. 主要参数及定义

抗张强度：拉伸试件至断裂时记录的最大抗拉应力。

断裂伸长率：试件拉伸至断裂时，标记距离的增量与未拉伸试样的标记距离的百分比。

二、试验前准备

1. 试验装备与环境要求

试验设备包括：氙灯气候老化箱、臭氧发生装置、工业用二氧化硫、−40℃冷冻箱、拉力试验机。其中，氙灯气候老化箱的氙灯功率为6kW，试样转架直径ϕ（800～959）mm，高365mm，试样转架每分钟旋转一周，箱体温度（55±3）℃，相对湿度（85±5）%。喷水为清洁的自来水，喷水水压0.12～0.15MPa，喷水嘴内径ϕ8mm。以18min喷水、光照、102min单独光照，周期进行（GB/T 12527—2008中附录A的规定和GB/T 14049—2008中附录C的规定）。拉力试验机符合GB/T 2951.11要求。氙灯耐候老化项目主要设备参数及精度要求见表1-46所示。

表1-46　　电缆材料氙灯耐候老化试验仪器设备

仪器设备名称	参数及精度要求
氙灯老化箱	1. 黑面板温度55℃，精度要求：温度偏差不大于±3℃； 2. 湿度85%，精度要求：湿度偏差不大于±5%； 3. 样品架旋转，精度要求：转速偏差不大于±0.1r/min； 4. 灯管功率6kW，精度要求：功率偏差不大于±5%
臭氧发生装置	臭氧浓度：20mL/L，精度要求：偏差不大于±2ml/L
高低温交变试验箱	温度点：−25℃，精度要求：温度偏差不大于±2℃
二氧化硫试验箱	二氧化硫浓度：0.067%，精度要求：偏差不大于±0.005%
拉力试验机	1. 拉力（N）：5、10、20、50、100、200、300、400、500，精度要求：示值误差不大于±1%； 2. 拉伸速度：25、250mm/min，精度要求：速度偏差不大于±1%
大哑铃刀、小哑铃刀	哑铃刀宽度，精度要求：尺寸偏差为±0.04mm
伸率尺	1. 原始长度10mm（10、20、30、40、50、60、70、80、90、100、110、120mm），精度要求：误差不大于±0.5mm； 2. 原始长度20mm（20、40、60、80、100、120、140、160、180、200mm），精度要求：误差不大于±0.5mm
刨片机或削片机	—
冲片机	—

GB/T 12527—2008和GB/T 14049—2008均未对耐日光老化试验环境做出规定，推荐采用GB/T 2951.11—2008中第5章的规定，试验应在绝缘和护套料挤出或硫化（或交联）后存放至少16h方可进行试验；除非另有规定试验前所有试样包括老化或未老化的试样应在温度（23±5）℃下至少保持3h。

2. 试验前的检查

（1）设备应有可靠接地，确保安全及保证控制系统有效运行。

（2）启动电源，检查电路系统是否正常运行，控制面板是否显示正常。

（3）检查加湿器水位，及时补水，以防加湿器干烧而引发设备故障。

三、试验过程

氙灯老化试验是一种环境试验方法，将样品按标准的规定制备后，置于模拟的日光、雨淋、臭氧、二氧化硫等环境，在规定时间后，测试样品的抗张强度和断裂伸长率，并与老化前样品的抗张强度和断裂伸长率数值进行对比，考核其性能变化情况，该试验主要针对在露天环境中使用的电线电缆。

1. 试验原理和接线

耐日光老化试验时，样品在氙灯老化箱中的布置如图 1-42 所示，样品的支架细节如图 1-43 所示。

图 1-42　样品在氙灯老化箱中的布局

图 1-43　样品架设细节图

2. 试验方法

（1）试样制备。从被试电缆的端部 500mm 处切取足够长度的电缆，并从电缆中取出导体，制取绝缘试样（试片），能供三组试验测定有效性能。有机械损伤的样段不能用于试验。其中，第一组试样至少应 5 个，供原始性能测量用；第二组试样至少应 5 个，供 0～1008h 光老化后性能测量用；第三组试样至少应 5 个，供 504～1008h 光老化后性能测量用。

（2）试验步骤。第一组试样保存在阴凉干燥处，第二、三组试样应放入氙灯气候箱内进行试验，其中第三组试样应在试验开始 504h 后放入，试样放入气候箱内后，应在保持约 5%的伸长下进行试验。整个试验持续 6 个星期，每星期为一次循环，其中 6 天按 18min 喷水、光照、102min 单独光照周期进行试验，第 7 天按下述的调节 a、调节 b、调节 c 规定的条件进行试验。

调节 a：老化试样应在温度为（40±3）℃，含 0.067%二氧化硫和浓度大于 20×10^{-6}

（20ppm）臭氧的环境中放置 1 天。

调节 b：老化试样应从氙灯气候老化箱中移至（–25±2）℃冷冻室内，进行冷热试验，共进行 3 次，每次 2h，两次热震时间应等于或大于 1h。

调节 c：老化试样应在（40±3）℃，含 0.067%二氧化硫饱和湿度的容器内放置 8h，然后打开容器，在试验室温环境中放置 16h。

在规定的老化时间后，取出试样，置环境温度下存放至少 16h，与第一组试样对比进行外观检查。

在光照面冲切哑铃片和预处理后，按 GB/T 2951.11—2008 的要求测定老化前后三组试片的抗张强度和断裂伸长率。

（3）试验结果及计算。检查光照面、试样应无明显的龟裂。试验结果用老化前后的抗张强度和断裂伸长率的变化率（%）表示，按下式计算，其变化率应符合产品标准的规定。

$$T_{S_1}=(T_2-T_1)/T_1\times100\%$$

$$E_{B_1}=(E_2-E_1)/E_1\times100\%$$

$$T_{S_2}=(T_2-T_3)/T_1\times100\%$$

$$E_{B_2}=(E_2-E_3)/E_1\times100\%$$

式中　T_{S_1}——0～1008h 光老化后抗张强度的变化率，%；

E_{B_1}——0～1008h 光老化后断裂伸长率的变化率，%；

T_{S_2}——504～1008h 光老化后抗张强度的变化率，%；

E_{B_2}——504～1008h 光老化后断裂伸长率的变化率，%；

T_1——光老化前（第一组试样）抗张强度的中间值，MPa；

E_1——光老化前（第一组试样）断裂伸长率的中间值，%；

T_2——光老化后（第二组试样，光老化 1008h）抗张强度的中间值，MPa；

E_2——光老化后（第二组试样，光老化 1008h）断裂伸长率的中间值，%；

T_3——光老化后（第三组试样，光老化 504h）抗张强度的中间值，MPa；

E_3——光老化后（第三组试样，光老化 504h）断裂伸长率的中间值，%。

四、注意事项

（1）有机械损伤的样段不能作为试样用于试验。

（2）制作试片时，不能磨削光照面，样品表面需清洁，不允许有印字和污渍。

（3）氙灯试验时请勿打开箱门，防止眼睛灼伤；也不要打开电气控制箱，以防止尘土入内或产生触电事故。

（4）注意试验用水位，及时补水，以防加湿器干烧而引发设备故障。

（5）试验时，灯管用水必须要用蒸馏水或去离子水。

（6）试验室若有异常状况或焦味时应立即停止使用，立即检查。

五、试验后的检查

（1）检查原始记录信息，如环境温度、空气相对湿度、试验条件、试验数据等。

（2）出现不合格时，应确认试验环境温度、氙灯老化、拉力试验参数是否符合标准规定要求。

（3）检查样品断裂点发生位置，若断裂点发生在夹具内，试验结果应作废。

（4）必要时对样品及试验过程进行拍照或视频留证。如拉力试验前 2 个试样出现不合格时，可对剩余 3 个试样的试验过程拍摄视频，以便溯源。视频应能体现试验日期、环境温湿度、拉伸速度等参数，若抗张强度不合格，视频中应能反映试样的拉断力数据；若断裂伸长率不合格，视频中应能反映试样断裂瞬间的伸长率数值。建议拍摄进入氙灯老化箱前和氙灯老化结束后的样品照片、拉力试验前后的样品照片等。

（5）保留试验后的样品以便溯源，保留时间建议 3 个月。

六、结果判定

电缆材料氙灯耐老化试验结果判定依据如表 1-47 所示。

表 1-47　电缆材料氙灯耐候老化试验结果判定依据

试验项目	标准	不合格现象（从最严重到最轻微排列）	结果判定依据
绝缘抗张强度及断裂伸长率（氙灯老化后）	GB/T 12527—2008《额定电压 1kV 及以下架空绝缘电缆》	1. 试样光照面龟裂； 2. 抗张强度或断裂伸长率变化率不满足标准要求	PVC、PE、XLPE：（0～1008））h 抗张强度变化率≤±30%，断裂伸长率变化率≤±30%； PVC、PE、XLPE：（504～1008）h 抗张强度变化率≤±15%，断裂伸长率变化率≤±15%；
	GB/T 14049—2008《额定电压 10kV 架空绝缘电阻》		XLPE、HDPE：（0～1008））h 抗张强度变化率≤±30%，断裂伸长率变化率≤±30%； XLPE、HDPE：（504～1008）h 抗张强度变化率≤±15%，断裂伸长率变化率≤±15%

七、案例分析

1. 案例概况

型号为 JKLYJ-10 1×240 的铝芯交联聚乙烯绝缘架空电缆，绝缘材料为交联聚乙烯（XLPE），产品执行标准为 GB/T 14049—2008，绝缘耐日光老化项目不合格。

2. 不合格现象描述

GB/T 14049—2008 要求，该产品绝缘 0～1008h 耐日光老化抗张强度和断裂伸长率变化率均不超过±30%，该样品测试结果，抗张强度变化率为–58%，断裂伸长率变化率为–95%，判定试验不合格。

3．不合格原因分析

（1）原材料质量问题：如原材料中含有回料，或杂质过多。

（2）原材料配方问题：耐候性材料一般都是在树脂中添加了碳黑光稳定剂和其他助剂共混而成的，若配比不合理则会造成材料的机械物理性能不合格。

（3）生产工艺问题：如混料不均匀导致产品塑化不均匀，造成性能不稳定；挤出温度及压力控制不合理导致产品未充分塑化，或绝缘内部产生气孔，导致产品机械物理性能不合格。

（4）试验方法问题：如氙灯老化箱参数不正确导致辐照度过高引起样品过度才化，或制备哑铃试件时样品拉伸区域边缘毛糙，不够光滑平整，影响了试验结果等。

（5）条件允许的情况下，建议对不合格样品重新取样进行复测。复测时可更换原试验人员或试验设备，试验结果以复测结果为准。

第十六节　绝缘黏附力试验

一、概述

1．试验目的

本试验方法适用于架空绝缘电缆绝缘层与导体之间黏附力的测定，防止绝缘层和导体之间产生位移，导体暴露在空气中，引起导体表面严重氧化或腐蚀。

2．试验依据

GB/T 14049—2008《额定电压 10kV 架空绝缘电缆》中 7.9.13 条款的附录 B。本试验属型式试验项目

3．主要参数及定义

黏附力：绝缘层与导体产生滑移时的拉力。

二、试验前准备

1．试验装备与环境要求

绝缘黏附力试验仪器设备如表 1-48 所示。

表 1-48　　绝缘黏附力试验仪器设备

仪器设备名称	参数及精度要求
钢直尺	分度值：1mm
拉力试验机	0～1000N
夹具	—

GB/T 14049—2008 附录 B 中 B.3.2 的规定：处理好的试样应在室温状态下放置 4h 后，

方可进行测试。B.4.1 规定：试验在室温（25±5）℃进行。

2. 试验前的检查

（1）试验前应对产品外观进行检查，确认在试验前产品的绝缘表面无损伤擦伤。

（2）检查设备的计量标贴，确保设备在有效的计量周期内。

（3）检查试验区域，试验状态等警示标志。

三、试验过程

1. 试验原理和接线

将试样按图 1-44 所示放置于夹具中进行试验，当滑动的绝缘与顶端绝缘快要接触时停止试验。

2. 试验方法

（1）取样和制样：从 10m 电缆上取三个长度不小于 250mm 的试样。按照图 1-45 所示尺寸进行处理，第一部分 20mm，第二部分 30mm，第三部分 100mm，处理时应保证被测部分绝缘层完整无损。

图 1-44　试样放置图

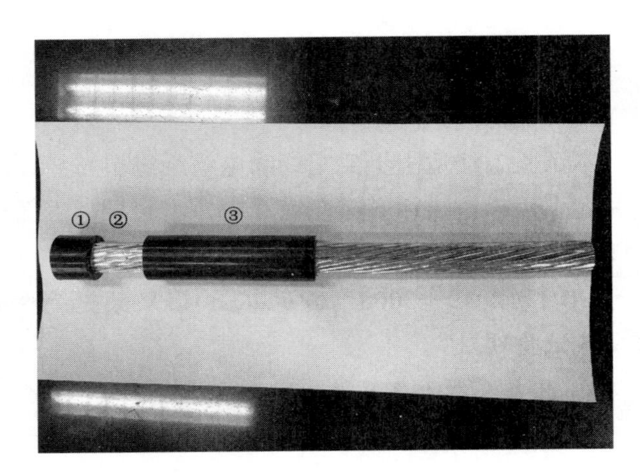

图 1-45　试样尺寸图

（2）样品预置要求：处理好的试样应在室温下放置至少 4h 后，方可进行测试。

（3）试验步骤：将制好的试样放在夹具内，启动拉力机，在（2±1）cm/min 速度下拉伸。当滑动的绝缘与顶端绝缘快要接触时停止试验。记录下每个试样的绝缘层与导体产生滑移时的拉力。

四、注意事项

（1）制样时绝缘切面与导体间保持垂直光滑，否则拉伸时试样会产生倾斜影响试验数据。

（2）试验时软件设置中的返车不要勾选，否则上下夹具有可能产生碰撞，损坏夹具。

（3）试验前要把限位调整到合适的位置，防止软件失效，上下夹具产生碰撞损坏机器。

五、试验后的检查

（1）检查原始记录信息，如环境温度、空气相对湿度、试验条件、试验数据等。

（2）试验后的样品应放在指定位置，样品标识状态应勾选正确。

（3）当出现不合格现象时应进行拍照留存，照片中应能明显体现不合格的情况。

六、结果判定

记录下每只试样的绝缘层与导体产生滑移时的拉力，3 只试样的拉力均应不小于产品标准中规定的黏附力要求，即不小于 180N。绝缘黏附力试验结果判定依据如表 1-49 所示。

表 1-49　绝缘黏附力试验结果判定依据

试验项目	不合格现象	结果判定依据
绝缘黏附力试验	绝缘黏附力小于 180N	绝缘黏附力不小于 180N

七、案例分析

1. 案例概况

JKLYJ-10 1×300 的样品开展绝缘黏附力试验，试验结果不符合标准要求。

2. 不合格现象描述

JKLYJ-10 1×300 的样品绝缘黏附力测试结果为 170N，小于 180N，检测结果为不合格

3. 不合格原因分析

（1）有可能在生产时，两次成型即先挤内屏再挤绝缘，没有采用双层共挤工艺，导致内屏受污染，不能与绝缘完全黏合。

（2）绝缘采用挤管方式挤出，使绝缘与屏蔽间凝结不牢固。

第十七节　绝缘及护套材料失重试验

一、概述

1. 试验目的

组分为聚氯乙烯（PVC）的电缆绝缘或护套，在长期使用过程中，其 PVC 高分子材料在氧、热的作用下发生裂解或聚合，材料的个别组分产生迁移和挥发，导致失去部分重量，久而久之失去机械性能、电气性能，直至不能使用。热失重试验能从侧面反映电缆设计允许的导体最高运行温度。

2. 试验依据

GB/T 2951.11—2008《电缆和光缆绝缘和护套材料通用试验方法　第 11 部分：通用试

验方法　厚度和外形尺寸测量　机械性能试验》

GB/T 2951.12—2008《电缆和光缆绝缘和护套材料通用试验方法　第 12 部分：通用试验方法　热老化试验方法》

GB/T 2951.32—2008《电缆和光缆绝缘和护套材料通用试验方法　第 32 部分：通用试验方法　失重试验　热稳定性试验》

失重试验适用于电线电缆产品的抽样及型式试验。

3. 主要参数及定义

热失重：试件在热老化箱中在一定温度和时间内单位表面积上质量的损失。

二、试验前准备

1. 试验装备与环境要求

试验设备包括：自然通风烘箱或压力通风烘箱（推荐采用自然通风烘箱），空气进入箱内的方式应使空气均匀流过试片的表面，然后在烘箱顶部附近排出。在规定的老化温度下，箱内空气每小时更换次数应不小于 8 次，不大于 20 次，有争议的情况下，应采用自然通风烘箱。烘箱内不应采用旋转式风扇；分析天平，感量为 0.1mg；哑铃试件用冲模（GB/T 2951.11—2008 中的第 9 章）；使用硅胶或类似材料的干燥器（GB/T 2951.32—2008 中 8.1.1 的规定）。失重试验设备参数及精度要求见表 1-50 所示。

表 1-50　　绝缘及外护套材料失重试验仪器设备

仪器设备名称	参数及精度要求
天平	1、2、5g 运行检查用砝码，精度要求为示值误差不大于±0.02%
空气老化箱	1. 温度点（℃）：20～300（根据产品老化温度确定计量点）；精度要求：温度偏差不大于±2℃。 2. 换气次数，精度要求：8～20 次/h
大哑铃刀、小哑铃刀	哑铃刀宽度，精度要求为尺寸偏差不大于±0.04mm
削片机	—
冲片机	—

试样预处理：所有的试验应在绝缘和护套料挤出或硫化（或交联）后存放至少 16h 方可进行试验（GB/T 2951.32—2008 中第 5 章的规定）。

试验温度：除非另有规定，试验应在环境温度下进行（GB/T 2951.32—2008 中第 6 章的规定）。

2. 试验前的检查

（1）试验前应检查干燥剂是否干燥，硅胶材料颜色为深蓝色则有效。为保证干燥剂的干燥应定期进行烘干处理。

（2）样品称量前，调整天平底部旋钮，使天平处于水平位置。

（3）老化处理前，根据样品老化温度，选择老化温度点计量合格的老化箱。

（4）检查老化试验箱电源线是否连接完好，将老化箱开机预热到规定温度。

三、试验过程

是对成品电缆的聚氯乙烯绝缘或聚氯乙烯护套按有关产品标准中规定的温度和时间进行加速老化，测定其单位表面积上质量的损失。

1. 试验原理和接线

绝缘或护套材料进行失重试验的质量称量见图 1-46，样品干燥处理见图 1-47，样品在老化箱中的放置见图 1-48。

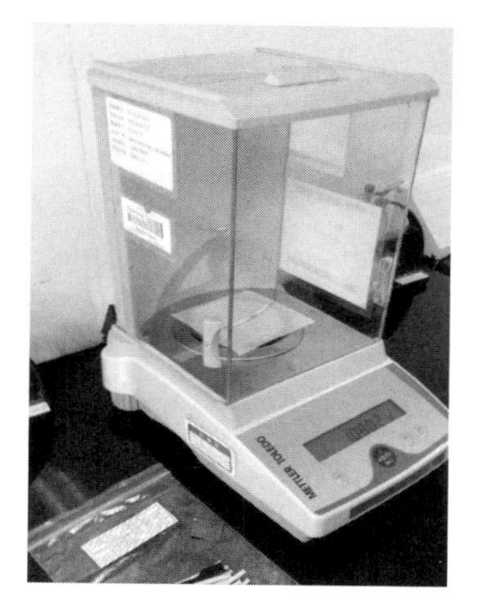

图 1-46　失重试验的质量测量

图 1-47　样品进行干燥处理

2. 试验方法

（1）取样：若失重试验与机械性能试验结合起来进行，试件应是按 GB/T 2951.12—2008 中 8.1.3 的规定经受热老化试验的试件中的 3 个，每个绝缘线芯或护套取一组试件。如果不再用于其他试验，也可以按 GB/T 2951.11—2008 中第 9 章的规定制备另外 3 个试件。

图 1-48　样品进行空气箱热处理

（2）试件制备。除去所有护层，抽出导电线芯。绝缘上的半导电层（若有）应采用机械方法而不用溶剂除去。尽可能制取大哑铃试件，如果尺寸太小而不能制取大哑铃试件，则制取小哑铃试件。对于内径不超过 12.5mm 的试样，只要绝缘内不黏附半导电层，可以用管状试件代替哑铃试件，如有任何残留隔离层，应用适当的方法而不用溶剂除去。

哑铃试件应按 GB/T 2951.11—2008 中 9.1.3a）的规定制备，试件两个表面应平行，其厚度为（1.0±0.2）mm，管状试件应按 GB/T 2951.11—2008 中 9.1.3b）的规定制备，每个试件的总表面积不应小于 5cm^2，哑铃试件和管状试件均不需加标记线。

（3）挥发表面积 A 的计算。每个试件的表面积（以 cm^2 计）应在失重试验之前按下式计算。

1）管状试件：表面积 A=外表面积+内表面积+断面面积，可推导出如下公式

$$A=\frac{2\pi(D-\delta)\times(L+\delta)}{100} \tag{1-9}$$

式中 δ——试件平均厚度，mm。若 $\delta\leqslant$0.4mm，取两位小数；若 $\delta>$0.4mm，则取一位小数；

D——试件平均外径，mm。若 $D\leqslant$2mm，取两位小数；若 $D>$2mm，则取一位小数；

L——试件长度，mm，取一位小数。

δ 和 D 均按 GB/T 2951.11—2008 中 8.1 和 8.3 的规定，在每个管状试件端部切取的薄片上测得。

2）大哑铃试件。

$$A=\frac{1256+180\delta^2}{100} \tag{1-10}$$

3）小哑铃试件。

$$A=\frac{624+118\delta}{100} \tag{1-11}$$

公式中 δ 为试件平均厚度，每个试件测量 3 个点（测量位置如图 1-49、图 1-50 中黑点的位置），取 3 个点厚度的平均值作为试件平均厚度 δ，带入表面积计算公式，以 mm 计，修约到小数两位。

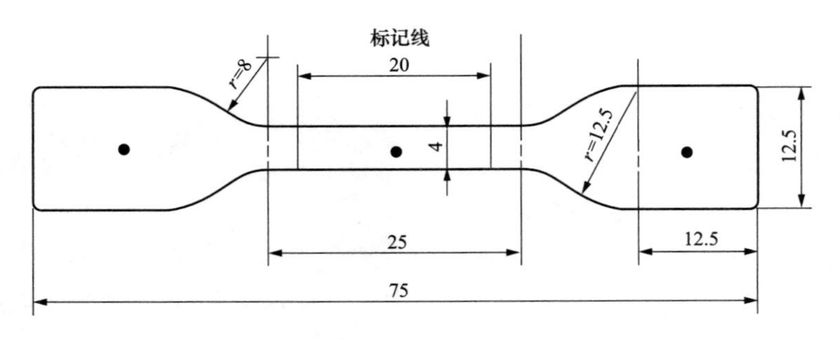

图 1-49 大哑铃试件

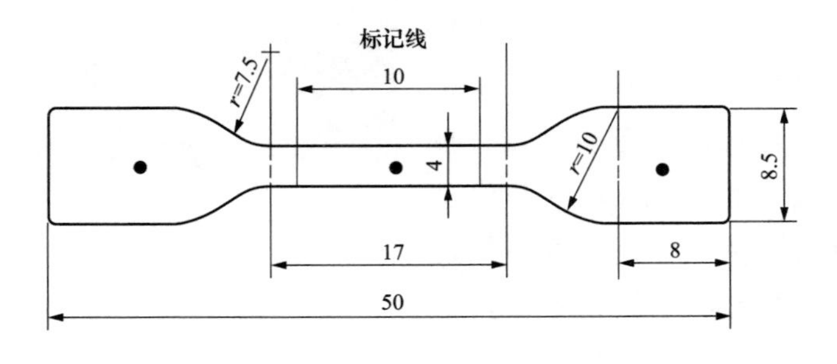

图 1-50 小哑铃试件

（4）试验步骤。

1）制备好的试件应在环境温度下的干燥器中存放至少 20h。每一试件从干燥器中取出后应立即精确称重，以 mg 计，精确到一位小数。

2）三个试件在大气压力下，按产品标准规定的温度和时间进行热处理。试件应垂直悬挂在烘箱的中部，试样之间的间距至少为 20mm；试件所占体积应不超过烘箱体积的 0.5%。

3）热处理完毕，试件应重新放入环境温度下的干燥器中存放 20h，然后再准确称重每一试件，以 mg 计，精确到一位小数。计算每一试件按 1）和 3）步骤测得的质量之差，修约到 mg。

4）试验结果表示方法。每一试件的失重应是其“质量之差”（mg）除以表面积（cm^2），试验结果取 3 个试件的测量结果的中间值，以 mg/cm^2 表示。

四、注意事项

（1）在制作失重哑铃试件时，试件的厚度应控制在（1.0±0.2）mm 范围内，若样品厚度小于 0.8mm，应保证样品表面平整，厚度可以在 0.8mm 以下。

（2）标准要求每个试件的总表面积不应小于 $5cm^2$，如果管状试件的外径较小，应取足够长的试样，保证试件的总面积符合要求。

（3）失重哑铃试件的厚度测量有别于拉力试验，应测量哑铃试件的平均厚度。

（4）为减小测量误差，样品称量时应在无振动、空气流动相对静止的、干燥环境中进行。

（5）组分明显不同的材料不应在同一烘箱内同时进行试验。

（6）样品在老化箱中加热处理时，管状试件两端不应封闭，避免管状内部空气受热膨胀造成试件损伤。

（7）老化前后进行干燥处理时，尽量将样品逐一平铺在垫层上，以确保每一个试样得到充分干燥。为确保试验结果的准确性，老化前后样品的处理方法应保持一致。不允许将样品叠加放置，或装在密封或半封闭的袋子中进行干燥。

五、试验后的检查

（1）检查原始记录信息，如环境温度、空气相对湿度、试验条件、试验数据等。

（2）检查样品在试验过程中是否受到损伤或污染，如有，则试验应重做。

（3）必要时，对样品、老化过程、称量过程进行拍照或视频留证。如拍摄样品老化处理前后的称量过程，同时能反映试验日期、环境温湿度等信息；或拍摄体现样品老化前后称量值、样品放置在老化箱中，以及样品在干燥器中处理的照片等。

（4）保留试验后的样品以便溯源，保留时间建议 3 个月。

六、结果判定

绝缘及外护套材料失重试验结果判定依据如表 1-51 所示。

表 1-51　　绝缘及外护套材料失重试验结果判定依据

序号	试验项目	标准	结果判定依据
1	绝缘及护套热失重	GB/T 12706.1—2008《额定电压 1kV（U_m=1.2kV）到 35kV（U_m=40.5kV）挤包绝缘电力电缆及附件　第 1 部分：额定电压 1kV（U_m=1.2kV）和 3kV（U_m=3.6kV）电缆》	ST2 护套：老化条件（100±2）℃，168h 热失重≤1.5mg/cm^2
2		GB/T 12706.2—2008《额定电压 1kV（U_m=1.2kV）到 35kV（U_m=40.5kV）挤包绝缘电力电缆及附件　第 2 部分：额定电压 6kV（U_m=7.2kV）到 30kV（U_m=36kV）电缆》	ST2 护套：老化条件（100±2）℃，168h 热失重≤1.5mg/cm^2
3		GB/T 9330.2—2008《塑料绝缘控制电缆　第 2 部分：聚氯乙烯绝缘和护套控制电缆》	PVC/A、PVC/D 绝缘：老化条件（80±2）℃，168h 热失重≤2.0mg/cm^2； ST1、ST5 护套：老化条件（80±2）℃，168h 热失重≤2.0mg/cm^2
4		GB/T 9330.3—2008《塑料绝缘控制电缆　第 3 部分：交联聚乙烯绝缘控制电缆》	PVC 护套：老化条件（100±2）℃，168h 热失重≤1.5mg/cm^2
5		GB/T 5023.3—2008《额定电压 450/750V 及以下聚氯乙烯绝缘电缆　第3部分：固定分布线用无护套电缆》	PVC/C：老化条件（80±2）℃，168h 热失重≤2.0mg/cm^2
6		《国家电网公司总部　配网标准化物资固化技术规范书 20kV 电力电缆（10GH-500030091-00004）》	ST2 护套：老化条件（100±2）℃，168h 热失重≤1.5mg/cm^2

七、案例分析

1. 案例概况

型号为 YJV-0.6/1kV 5×6 的交联聚乙烯绝缘聚氯乙烯护套电力电缆，护套材料为聚氯乙烯（PVC），产品执行标准为 GB/T 12706.1—2008，护套的失重试验不合格。

2. 不合格现象描述

GB/T 12706.1—2008 要求，该产品护套老化温度为（100±2）℃，时间 168h，允许失重量不超过 1.5mg/cm^2，该样品测量结果为 2.1mg/cm^2，判定试验不合格。

3. 不合格原因分析

（1）原材料质量问题：如果选用的增塑剂本身质量不好、其中含有的易挥发成分较多（如溶剂、小分子量物质等），则产品耐老化性能差，热失重较大。

（2）生产企业主观因素：如为了节省成本，用低耐温等级的 70℃护套料来替代较高耐温等级的 90℃护套料使用。

（3）试验方法问题：如称量结果不准确、老化箱温度不稳定导致实际老化温度过高等。

（4）条件允许的情况下，建议对不合格样品重新取样进行复测。复测时可更换原试验

人员或试验设备，试验结果以复测结果为准。

第十八节　重量法吸水试验

一、概述

1. 试验目的

重量法吸水试验主要考核电缆绝缘或护套材料在潮湿环境下保持其固有特性的能力，通过单位面积上的质量增量来判断电缆材料的吸水性。适用于最普通的绝缘和护套材料（弹性体、聚氯乙烯、聚乙烯、聚丙烯等）。

2. 试验依据

GB/T 2951.13—2008《电缆和光缆绝缘和护套材料通用试验方法　第13部分：通用试验方法　密度测定方法　吸水试验　收缩试验》

重量法吸水试验在型式试验时开展。

3. 主要参数及定义

M_1：烘箱加热前，在干燥器里冷却后试样称重（mg）。

M_2：烘箱加热后，试样从水中取出后2～3min内，用滤纸揩干水分称重（mg）。

M_3：烘箱加热后，重新在干燥器里冷却后试样称重（mg）。

A：线芯试样250mm长浸水部分的表面积或窄条试样浸水的总表面积（cm^2）。

二、试验前准备

1. 试验装备与环境要求

重量吸水法试验仪器设备如表1-52所示。

表1-52　　重量法吸水试验仪器设备

仪器设备名称	参　数　要　求
热老化试验箱	温度偏差：≤±2℃
低压力烘箱	线芯试样：不超过660Pa（6.6mbar） 窄条试样：残压近1mbar的真空

预处理和试验温度：所有的试验应在绝缘和护套挤出或硫化（或交联）后存放至少16h方可进行试验。如果试验是在环境温度下进行，试样应在（23±5）℃温度下存放至少3h；除非另有规定，试验应在环境温度下进行。（GB/T 2951.13—2008中第5章和第6章的规定）。

2. 试验前的检查

（1）检查绝缘或护套试样，外表面应无明显损伤，如有划痕，压痕等明显缺陷，须重新选取符合检验要求的试样。

（2）样品称量前，调整天平底部旋钮，使天平处于水平位置。

（3）低压力烘箱和热老化试验箱等仪器设备计量检定是否满足检验要求。

三、试验过程

1．试验原理

将线芯试样或窄条试样放入达到规定温度和压力的烘箱内进行加热，如图 1-51 所示。

图 1-51　压力烘箱

线芯试样应在直径为 6～8 倍试样直径的试棒上弯成 U 形，浸入水中部分为 250mm；窄条试样全部浸入水中，如图 1-52 所示。

图 1-52　试样浸入水中的示意图

线芯试样或窄条试样放入达到规定温度烘箱内进行加热，如图 1-53 所示。

图 1-53　线芯试样和窄条试样放置图

2. 试验方法

（1）试样制备：GB/T 2951.13—2008 中 9.2.1 的规定：

线芯试样：额定电压 0.6/1kV 及以下，导体标称截面积小于或等于 $25mm^2$ 的电缆，每个试样应为约 300mm 长的一段绝缘线芯。

窄条试样：所有其他电缆绝缘应磨成或削成 0.6～0.9mm 厚的薄片，表面光滑并基本上平行；从薄片上冲切 80～100mm 长，4～5mm 宽的试样。

从每个被试绝缘线芯上制备两个试件。

（2）线芯试样试验步骤：GB/T 2951.13—2008 中 9.2.2 的规定：

线芯试样干燥：用浸湿的滤纸将试样表面擦干净。

将试样在（70±2）℃温度下干燥至恒重，也可将试样放在温度为（70±2）℃，压力不超过 660Pa（6.6mbar）的低压力烘箱内保持 24h，在干燥器里冷却试样。称重试样 M_1，以 mg 为单位，精确到 0.1mg。

1）线芯试样浸水加热：将试样放在直径为 6～8 倍试样直径的试棒上弯成 U 形，并将其两端穿过玻璃容器的盖子上的孔，玻璃容器里只应放同一绝缘线芯的两个试样。

往玻璃容器中注满水至盖子边缘处后，调整试样位置使其约 250mm 长的一段浸在水中。使用预先煮沸过的蒸馏水或去离子水。

试样置于水中的温度和时间按有关产品标准的规定。

如果未规定时间，则对于绝缘厚度为 1.0mm 及以下的试样，持续时间为两周。

绝缘厚度为 1.1～1.5mm 的试样，持续时间为 3 周。

绝缘厚度为 1.5mm 以上的试件，持续时间为 4 周。

如果未规定温度，则应为导体最高温度减去 5℃，但不超过 90℃。水平面应保持在玻璃容器盖子的内表面。

2）线芯试样冷却干燥：等水冷却到环境温度后取出试样，甩去附在试样上的水滴，用滤纸轻轻揩干并在试样从水中取出 2～3min 内完成称重 M_2，以 mg 为单位。

最后干燥试样，条件同浸水之前的干燥条件，即如上述的第 1 次称重前使用的两种方法中的任一种。称重最后质量 M_3，以 mg 为单位。

表面完全擦干净的试样在温度为（70±2）℃的真空（残压近 1mbar）状态下加热 72h，组分本质上不同的材料不能同时在一个容器或烘箱中加热。

经上述处理后，试样应放在干燥器中冷却 1h，然后称重（质量 M_1），精确到 0.1mg。然后将试样浸在去离子水（或蒸馏水）中，时间和温度按有关电缆产品标准的规定。如果未规定温度，则温度为导体最高温度减去 5℃，但不大于 90℃。每一试件应浸在带冷凝器的分隔玻璃管中或带玻璃盖的烧杯中。

如使用冷凝器，其上半部分应用铝箔盖住以免污染。

（3）窄条试样试验步骤：窄条试样浸水加热及冷却后干燥：按有关电缆产品标准规定的时间浸水以后，或如果产品标准未规定浸水时间，则浸水 14 天以后，试件应转移到室温下的去离子水（或蒸馏水）中并在此冷却。然后从水中取出每一试件，甩去任何附着的水滴，用专门滤纸吸干而不留纤维，称重试样（质量 M_2），精确到 0.1mg。最后在与浸水之前相同的条件下处理试件，称重最后质量 M_3，以 mg 为单位。

（4）计算公式：GB/T 2951.13—2008 中 9.2.3 的规定：试验结果取 2 个试件的平均值作为绝缘线芯的吸水量。

吸水量按下列公式计算

如果最终质量 M_3 小于 M_1：　$(M_2-M_3)/A$（mg）　（1-12）

如果最后质量 M_3 大于 M_1：　$(M_2-M_1)/A$（mg）　（1-13）

对于线芯试样，A 是试件 250mm 长浸水部分的表面积（cm^2）；

对于窄条试样，A 是浸水试件的总表面积（mm^2）。

四、注意事项

（1）浸置水应为预先煮沸过的蒸馏水或去离子水，减少水中杂质对试验的影响。

（2）对于线芯试样，注水的玻璃容器里只应放置同一绝缘线芯的两个试样，保证数据的稳定性和可靠性。

（3）对于窄条试样，在真空干燥时，组分本质不同的材料不能同时在一个容器或烘箱类加热，防止不同组分的材料之间相互影响。

五、试验后的核查

（1）检查原始记录信息，如环境温度、空气相对湿度、试验条件、试验数据等。

（2）出现不合格时，应再次确认试验环境、加热温度、时间和样品质量等试验参数是否符合标准规定要求。必要时，对试样干燥和加热的过程进行拍照或视频留证，不合格样品存入库房，已备核查。

六、结果判定

重量法吸水试验结果判定依据如表 1-53 所示。

表 1-53　重量法吸水试验结果判定依据

试验项目	不合格现象	结果判定依据
重量法吸水试验	EPR 或 HEPR 型热固性绝缘	吸水量大于 5mg/cm^2
	XLPE 交联型热固性绝缘	吸水量大于 1mg/cm^2
	ST8 型无卤护套	吸水量大于 10mg/cm^2

七、案例分析

1. 案例概况

型号为 YJV-0.6/1kV 3×6 的交联聚乙烯绝缘聚氯乙烯护套电力电缆，绝缘材料为

交联氯乙烯（XLPE），产品执行标准为 GB/T 12706.1—2008，绝缘的重量法吸水试验不合格。

2. 不合格现象描述

GB/T 12706.1—2008 要求，该产品试验温度为（85±2）℃，时间 336h，质量最大增量 1mg/cm^2，测量结果大于 1mg/cm^2，不合格。

3. 不合格原因分析

（1）可能是未对材料进行进货检验，采购了劣质原材料。

（2）试验方法问题：如浸置水中含有杂质、干燥后不及时称量或称量结果不准确等原因都会造成数据偏差。

第十九节　热延伸试验

一、概述

1. 试验目的

热延伸试验主要考核电缆绝缘或护套在热和负荷作用下负荷变形和永久变形的一种检验方法，如果电缆绝缘或护套在高温负荷下发生变形，会损失机械性能，甚至会导致短路，影响电缆正常使用，适用于电线、电缆和光缆的弹性体混合料。

2. 试验依据

GB/T 2951.21—2008《电缆和光缆绝缘和护套材料通用试验方法　第 21 部分：弹性体混合料专用试验方法　耐臭氧试验　热延伸试验　浸矿物油试验》

热延伸试验在抽样试验和型式试验时开展。

3. 主要参数及定义

D：管状试样外径的平均值，mm。

δ：绝缘厚度平均值，mm。

m：试样的质量，g。

d：密度，g/cm^3。

L：长度，mm。

V：体积，mm^3。

A：试样截面积，mm^2。

F：负荷质量，g。

二、试验前准备

1. 试验装备与环境要求

热延伸试验仪器设备如表 1-54 所示。

表 1-54　　　　**热延伸试验仪器设备**

仪器设备名称	参数及精度要求
热老化试验箱	准确度 0.1℃，测量误差不大于±2℃
大哑铃刀、小哑铃刀	哑铃刀宽度，测量误差不大于±0.04mm 哑铃刀厚度，测量误差不大于±0.01mm
热延伸装置（钢直尺）	准确度 0.5mm，测量误差不大于±0.5mm

预处理和试验温度：所有的试验应在绝缘和护套挤出或硫化（或交联）后存放至少16 方可进行试验。如果试验是在环境温度下进行，试样应在（23±5）℃温度下存放至少3h；除非另有规定，试验应在环境温度下进行（GB/T 2951.21—2008 中第 5 章和第 6 章的规定）。

2．试验前的检查

（1）检查绝缘或护套试样，外表面应无明显损伤，如有划痕，压痕等明显缺陷，须重新选取符合检验要求的试样。

（2）检查热老化试验箱的温度设定是否准确。

（3）热老化试验箱和热延伸装置等仪器设备计量检定是否满足检验要求。

三、试验过程

1．试验原理

分别将绝缘和护套试样，施加负载，放入达到规定温度的烘箱内加热。

2．试验方法

（1）取样：GB/T 2951.21—2008 中 9.1 的规定：从每一被试试样上切取两个绝缘样段（和或护套样段）。

（2）试样制备及测量截面积：GB/T 2951.11—2008 中 9.1 规定的试验方法制备试样及测量截面积。

1）哑铃试件试样制备。哑铃试件应在除去所有凸脊和/或半导电层后从绝缘和护套内层制取。

将绝缘线芯轴向切开，抽出导体。从绝缘试样上制取哑铃试件。绝缘内、外两侧若有半导电层，应用机械方法去除而不应使用溶剂。

绝缘试条应磨平或削平，使标记线之间具有平行的表面。磨平时应注意避免过热，对PE 和 PP 绝缘只能削平而不能磨平。磨平或削平后，包括毛刺的去除。

然后在制备好的绝缘试条上冲切哑铃试件，如有可能，应并排冲切两个哑铃试件。

试片厚度不应小于 0.8mm，不大于 2.0mm。如果不能制备 0.8mm 厚的试片，则允许其最小厚度为 0.6mm。在每个大哑铃试件中部标上 20mm 的标志线，在每个小哑铃试件中部标上 10mm 的标志线，如图 1-54 和图 1-55 所示。

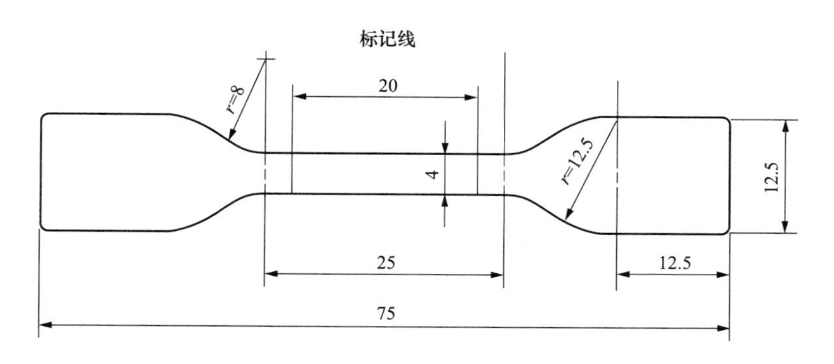

图 1-54　大哑铃试件（单位：mm）

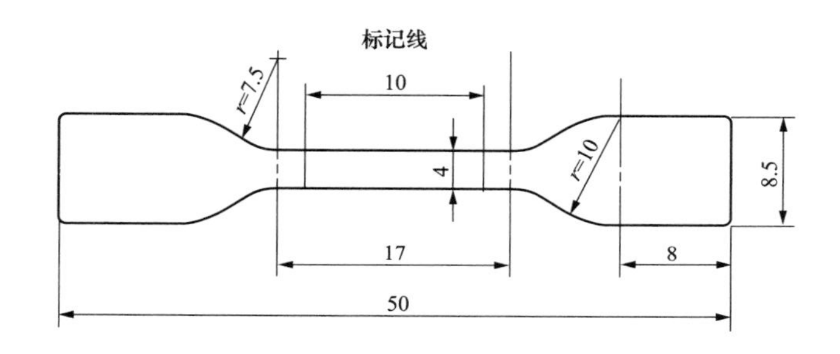

图 1-55　小哑铃试件（单位：mm）

2）管状试件试样制备。只有当绝缘线芯尺寸不能制备哑铃试件时才使用管状试件。

将线芯试样切成约 100mm 长的小段，抽出导体，去除所有外护层，注意不要损伤绝缘。

3）哑铃试件截面积测量。每个试件的截面积是试件宽度和测量的最小厚度的乘积，试件的宽度和厚度应按如下方法测量。

宽度：

任意选取三个试件测量它们的宽度，取最小值作为该组哑铃试件的宽度。

如果对宽度的均匀性有疑问，则应在三个试件上分别取三处测量其上、下两边的宽度，计算上、下测量处测量值的平均值。取三个试件的 9 个平均值中的最小值为该组哑铃试件的宽度。

如还有疑问，应在每个试件上测量宽度。

厚度：

每个试件的厚度取拉伸区域内三处测量值的最小值。

应使用光学仪器或指针式测厚仪进行测量，测量时接触压力不超过 $0.07N/mm^2$。

测量厚度时的误差不应大于 0.01mm，测量宽度时的误差不应大于 0.04mm。

如有疑问，并在技术上也可行的情况下，应使用光学仪器。或者也可使用接触压力不大于 $0.02N/mm^2$ 的指针式测厚仪。

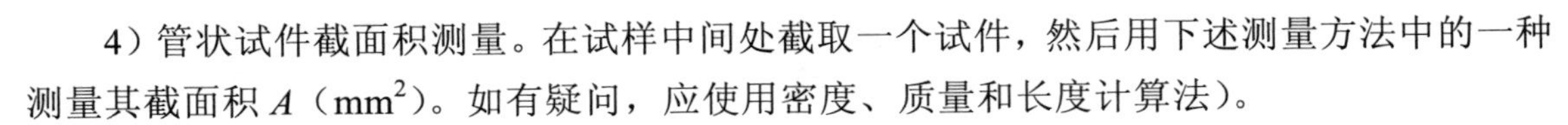

4）管状试件截面积测量。在试样中间处截取一个试件，然后用下述测量方法中的一种测量其截面积 A（mm^2）。如有疑问，应使用密度、质量和长度计算法）。

根据截面积尺寸计算：

$$A = \pi \times (D - \delta) \times \delta$$

根据密度、质量和长度计算：

$$A = 1000m/ (d \times L)$$

根据体积和长度计算；可用将试样浸入酒精中（应小心避免在试样上产生气泡）的方法测量体积：$A = V/L$。

（3）试验步骤：GB/T 2951.21—2008 中 9.3 的规定：试件应悬挂在烘箱中，下夹头加重物。所负载的重量应符合相应电缆产品中对相关材料的规定。悬挂过程应尽可能快以使烘箱开门时间最短。当烘箱温度回升到规定温度（最好在 5min 之内），试件在烘箱中再保持 10min 后，测量标记线间距离并计算伸长率。在打开门后应在 30s 内测量完毕。

如有争议，建议试验应在带观察窗的烘箱内进行测量，并且不能打开箱门测量。

然后在试件上的下夹头处把试样剪断，并将试件留在烘箱中恢复，试件保留在烘箱中 5min。或者等到烘箱温度回升到规定的温度，取较长时间。然后从烘箱中取出试件，慢慢冷却到室温，再次测量标记线间的距离。

四、注意事项

GB/T 2951.21—2008 中 9.2 和 9.2 的“注”：

（1）用夹头固定管状试件时，不应使试件两端紧密封闭。可用任何适当的方法实现，如至少在试件一端插入一小段金属针管，其尺寸略小于试件内径，防止试样粘连，影响测量数据的准确性。

（2）试验过程中必须采取适当的防护措施以避免热夹子，负载和试件有可能造成的损伤。

（3）注意在试验过程中做好隔热、防烫伤的保护和措施，如配备石棉手套等。

五、试验后的核查

（1）检查原始记录信息，如环境温度、空气相对湿度、试验条件、试验数据等。

（2）如发生样品熔化的情况时，在试验后应对试验夹头和箱体及时做好进行清洁维护。

（3）出现不合格时，应再次确认试验环境、加热温度、时间、和试验负荷等试验参数是否符合标准规定要求。必要时，更换试验人员重新进行复检，对试样加载负荷和加热的过程进行拍照或视频留证，不合格样品存入库房，已备核查。

六、结果判定

热延伸试验结果判定依据如表 1-55 所示。

表 1-55 热延伸试验结果判定依据

试验项目	不合格现象	结果判定依据
热延伸试验	（EPR、HEPR 或 XLPE 型绝缘）载荷下伸长率大于 175%	国标：最大 175%
	（EPR、HEPR 或 XLPE 型绝缘）在烘箱内熔断	
	（EPR、HEPR 或 XLPE 型绝缘）冷却后永久伸长率大于 15%	国标：最大 15%
	（EPR、HEPR 或 XLPE 型绝缘）载荷下伸长率大于 125%	Q/GDW 13238、Q/GDW 13239：最大 125%
	（EPR、HEPR 或 XLPE 型绝缘）在烘箱内熔断	
	（EPR、HEPR 或 XLPE 型绝缘）冷却后永久伸长率大于 10%	Q/GDW 13238、Q/GDW 13239：最大 10%

七、案例分析

1. 案例概况

型号为 JKLYJ-1 1×185 的额定电压 1kV 铝芯交联聚乙烯绝缘架空电缆绝缘热延伸试验时样品熔断。

2. 不合格现象描述

按照 GB/T 12527—2008 标准规定，该样品在温度（200±3）℃烘箱内加热时间 15min 后，绝缘发生熔断，判定为不合格，样品熔断图如图 1-56 所示。

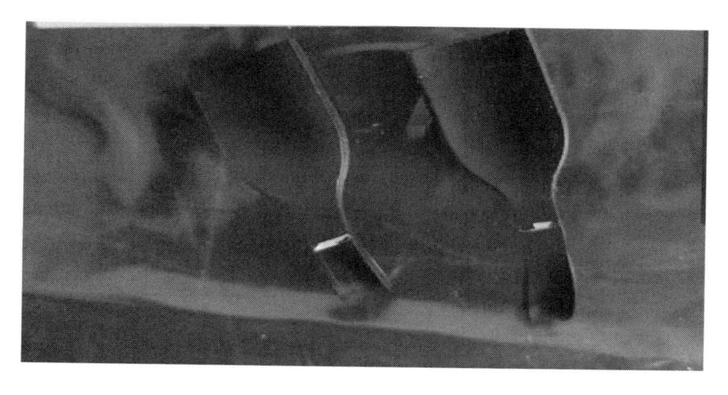

图 1-56 样品熔断图

3. 不合格原因分析

（1）原材料进货检验不严格，劣质原料流入生产环节。

（2）在生产时，交联剂不足、蒸煮时间不够都会造成绝缘得不到充分交联。

（3）试验方法问题：在制取试片时，哑铃刀有缺口、损伤等缺陷时，可能会造成制取的试片存在毛边或缺口，在试验时试片会产生熔断的情况。

第二十节　绝缘热收缩试验

一、概述

1. 试验目的

热收缩试验主要考核导体上的绝缘在高温下发生收缩的情况，受热胀冷缩的影响，在电缆使用环境温度急剧变化时，可能会使绝缘层产生明显收缩，漏出导体，造成短路，严重时会产生触电甚至引发火灾等事故。适用于最普通的绝缘和护套材料（弹性体、聚氯乙烯、聚乙烯、聚丙烯等）。

2. 试验依据

GB/T 2951.13—2008《电缆和光缆绝缘和护套材料通用试验方法　第13部分：通用试验方法　密度测定方法　吸水试验　收缩试验》

热收缩试验在型式试验和抽样试验时开展。

3. 主要参数及定义

L：电缆产品标准规定的长度，mm。

L_1：加热前标记之间的距离，mm。

L_2：加热并冷却后标记之间的距离，mm。

二、试验前准备

1. 试验装备与环境要求

绝缘热收缩试验仪器设备如表1-56所示。

表1-56　　绝缘热收缩试验仪器设备

仪器设备名称	参数及精度要求
热老化试验箱	准确度0.1℃，测量误差：≤±2℃
钢直尺	准确度0.5mm，测量误差：≤±0.5mm

预处理和试验温度：所有的试验应在绝缘护套挤出或硫化（或交联）后存放至少16h方可进行，如果试验是在环境温度下进行，试样应在（23±5）℃温度下存放至少3h；除非另有规定，试验应在环境温度下进行（GB/T 2951.13—2008中第5章和第6章的规定）。

2. 试验前的检查

（1）检查绝缘或护套试样，外表面应无明显损伤，如有划痕，压痕等明显缺陷，须重新选取符合检验要求的试样。

（2）检查热老化试验箱的温度设定是否准确。

（3）热老化试验箱和钢直尺等仪器设备计量检定是否满足检验要求。

三、试验过程

1. 试验原理

将试样导体的裸露端头水平支架在空气烘箱中，使绝缘在规定温度下加热时能自由伸缩。

2. 试验方法

（1）取样：在每个被试绝缘线芯上距离电缆端头至少 0.5m 处切取约 1.5L 长的样品一根。L 应是有关电缆产品标准规定的长度（通常 L=200mm）（GB/T 2951.13—2008 中 10.1 的规定）。

（2）试样制备。除黏附的挤包半导电屏蔽层（若有）外，应及时从绝缘线芯试样上除去所有护层。

截取试样后 5min 之内，在每一绝缘线芯试样的中部标上 $L\pm5$mm 的试验长度。测量标记之间的距离 L_1，精确到 0.5mm。然后在每个试样两端距离标记 2～5mm 处去除绝缘（试样制备：GB/T 2951.13—2008 中 10.2 的规定）。

（3）试验步骤。

1）试样加热：将空气烘箱或滑石粉槽应预热至有关电缆产品标准规定的温度，然后将试样导体的裸露端头水平支架在空气烘箱中，或平放在滑石粉槽的表面，使得绝缘能自由伸缩。按有关电缆产品标准规定的温度和时间加热试样（GB/T 2951.13—2008 中 10.3 的规定）。

2）然后在空气中冷却至室温，重新测量每个试样的标记之间的距离，精确至 0.5mm。

（4）试验结果。收缩率是加热前标记之间的距离 L_1 和加热并冷却后标记之间的距离 L_2 之间的差值与加热前标记之间距离的百分比（GB/T 2951.13—2008 中 10.4 的规定）。

$$\Delta L=\frac{L_1-L_2}{L_1}\times100\% \tag{1-14}$$

四、注意事项

（1）距离电缆端头至少 0.5m 处切取绝缘试样，防止电缆端头受潮、受腐蚀等因素，影响试验结果。

（2）截取试样后 5min 之内，及时做好标记 L_1 并测量记录，时间过长绝缘在室温下会有轻微收缩。

（3）注意在试验过程中做好隔热、防烫伤的保护和措施，如配备石棉手套等。

五、试验后的核查

（1）检查原始记录信息，如环境温度、空气相对湿度、试验条件、试验数据等。

（2）出现不合格时，应再次确认试验环境、加热温度和加热时间等试验参数是否符合标准规定要求。必要时，对试样加热的过程进行拍照或视频留证，不合格样品存入库房，已备核查。

六、结果判定

绝缘热收缩试验结果判定依据如表 1-57 所示。

表 1-57　　绝缘热收缩试验结果判定依据

试验项目	不合格现象	结果判定依据
绝缘热收缩试验	绝缘收缩率大于 4%	最大 4%
	绝缘在烘箱内熔化，无法测量	

七、案例分析

1. 案例概况

型号为 JKLYJ-1 1×185 的额定电压 1kV 铝芯交联聚乙烯绝缘架空电缆绝缘收缩试验时样品两端熔化。

2. 不合格现象描述

该样品在温度（130±2）℃烘箱内加热时间 1h 后，绝缘两端发生熔化，样品熔化如图 1-57 所示。

图 1-57　样品熔化图

3. 不合格原因分析

（1）原材料进货检验不严格，甚至不进行进货检验，劣质原料流入生产环节。

（2）在生产时，交联剂不足或蒸煮时间温度达不到要求，均会影响交联剂含量，造成绝缘得不到充分交联，甚至可能是未对电缆绝缘进行交联处理。

第二十一节　热冲击（抗开裂）试验

一、概述

1. 试验目的

热冲击（抗开裂）试验主要考核电缆绝缘和护套材料在正常运行过程中抗开裂的性能的一种检测方法，是电缆在机械应力条件下（如弯曲），温度急剧变化时所能承受热应力变化而不破裂的能力。由于导体、绝缘和护套材料的热膨胀系数不同，电缆产品使用和运行时，在产生弯曲或温度骤变等情况下，容易产生绝缘会护套破裂，甚至导致短路事故。适用于电线、电缆和光缆的聚氯乙烯材料的绝缘和护套。

2. 试验依据

GB/T 2951.31—2008《电缆和光缆绝缘和护套材料通用试验方法　第31部分：聚氯乙烯混合料专用试验方法　高温压力试验　抗开裂试验》

热冲击（抗开裂）试验在型式试验和抽样试验时开展。

3. 主要参数及定义

D：绝缘或护套试样外径平均值（mm）。

δ：绝缘或护套试样厚度的平均值（mm）。

二、试验前准备

1. 试验装备与环境要求

热冲击（抗开裂）试验仪器设备如表1-58所示。

表1-58　　热冲击（抗开裂）试验仪器设备

仪器设备名称	参数及精度要求
热冲击（抗开裂）试验仪	试棒直径＜25mm，示值误差不大于±0.1mm 试棒直径≥25mm，示值误差不大于±0.5%
热老化试验箱	温度偏差不大于±3℃

预处理和试验温度：所有的试验应在绝缘护套挤出或硫化（或交联）后存放至少16h方可进行，除非另有规定，试验应在环境温度下进行（GB/T 2951.31—2008中第5章和第6章的规定）。

2. 试验前的检查

（1）检查绝缘或护套试样，外表面应无明显损伤，如有划痕，压痕等明显缺陷，须重新选取符合检验要求的试样。

（2）检查热老化试验箱的温度设定是否准确，提前加热烘箱。

（3）热老化试验箱和热冲击（抗开裂）试验仪等仪器设备计量检定是否满足检验要求。

三、试验过程

1. 试验原理

选择合适的试棒，分别将两根电缆成品试样或窄条试样在环境温度下紧密地按规定的圈数卷绕成螺旋形，两端固定后，放入烘箱内进行加热。

2. 试验方法

（1）取样。每个被试绝缘线芯或护套应取两根适当长度的试样，试样应取自两处，间隔至少 1m。绝缘试样若有外护层，应从绝缘上除去；护套试样若有外护层应去除（GB/T 2951.31—2008 中 9.1.1 和 9.2.1 的规定）。

（2）试样制备。

1）绝缘。①对于外径不超过 12.5mm 的绝缘线芯，每一试样是一段绝缘线芯。②对于外径超过 12.5mm，绝缘厚度不超过 5.0mm 的绝缘线芯和所有的扇形绝缘线芯，每个试样应取成绝缘窄条，其宽度至少是绝缘厚度的 1.5 倍，但不小于 4mm；窄条应沿绝缘线芯的轴线方向切取，如果是扇形绝缘线芯，应在绝缘线芯的“背部”切取。③对于外径超过 12.5mm，绝缘厚度超过 5.0mm 的绝缘线芯，每个试样应按上述规定切取窄条，然后窄条的外表面磨或削（避免过热）到 4.0～5.0mm 厚，该厚度应在窄条的较厚部分测得，窄条的宽度至少是厚度的 1.5 倍（GB/T 2951.31—2008 中 9.1.2 的规定）。

2）护套。①对于外径不超过 12.5mm 的护套，每一试样是一段电缆，但聚乙烯绝缘、聚氯乙烯护套电缆除外。②对于外径超过 12.5mm，厚度不超过 5.0mm 的护套和聚乙烯绝缘电缆的护套，每个试样应是取自护套上的窄条，其宽度至少是护套厚度的 1.5 倍，但不小于 4mm；窄条应沿电缆的轴线方向切取。③对于外径超过 12.5mm，厚度超过 5.0mm 的护套，每个试样应按上述规定切取窄条，然后窄条的外表面磨或削（避免过热）到 4.0～5.0mm 厚，该厚度应在窄条的较厚部分测得，窄条的宽度应至少是厚度的 1.5 倍。④对于扁电缆，电缆的宽度不超过 12.5mm，每个试样应是一段完整的电缆。若果电缆宽度超过 12.5mm，则每个试样应是按上述规定从护套上切取的窄条（GB/T 2951.31—2008 中 9.2.2 的规定）。

（3）试样卷绕。每个绝缘或护套试样应在环境温度下紧密地在试棒上绕成螺旋形，并将两端固定（GB/T 2951.31—2008 中 9.1.3 和第 9.2.3 条的规定）。

试样卷绕具体规定如下：

1）绝缘：外径不超过 12.5mm 的绝缘线芯试样、扁平的电缆和软线。

2）护套：外径不超过 12.5mm 的护套（除聚乙烯绝缘、聚氯乙烯护套电缆）和电缆宽度不超过 12.5mm 的扁电缆，每一试样应是一段电缆。

表 1-59 根据外径或电缆宽度选择试棒的直径和卷绕圈数。试棒直径应按其短轴尺寸选取，卷绕时使其短轴垂直于试棒。

表 1-59　　试棒的直径和卷绕圈数选取依据

试样外径 D（mm）	试棒直径（mm）	卷绕圈数
$D\leqslant 2.5$	5	6
$2.5<D\leqslant 4.5$	9	6
$4.5<D\leqslant 6.5$	13	6
$6.5<D\leqslant 9.5$	19	4
$9.5<D\leqslant 12.5$	40	2

表 1-60 根据试样厚度选择试棒直径和卷绕圈数。在这种情况下，试样的内表面应与试棒接触。

表 1-60　　试棒直径和卷绕圈数选取依据

试样厚度 δ（mm）	试棒直径（mm）	卷绕圈数
$\delta\leqslant 1$	2	6
$1<\delta\leqslant 2$	4	6
$2<\delta\leqslant 3$	6	6
$3<\delta\leqslant 4$	8	4
$4<\delta\leqslant 5$	10	2

（4）加热和检查。绕在试捧上的绝缘或护套试样应放入预热到有关电缆产品标准规定试验温度的空气烘箱中。如果电缆产品标准没有规定，则预热到（150±3）℃，试样在规定温度下保持 1h（GB/T 2951.31—2008 中的 9.1.4 和 9.1.5 的规定）。

加热结束后从烘箱中取出试样并在试样达到近似环境温度后，用正常视力或矫正后的视力而不用放大镜进行检查仍在试棒上的试样，试样应无裂纹（GB/T 2951.31—2008 中 9.2.4 和 9.2.5 的规定）。

四、注意事项

（1）检查试样时，试样应卷绕试棒上。如提前从试棒取下，会使试样的卷绕张力减少或甚至消失，影响检验结果的判定。

（2）注意试样两端固定点出现裂纹不应视为故障。

五、试验后的核查

（1）检查原始记录信息，如环境温度、空气相对湿度、试验条件、试验数据等。

（2）出现不合格时，应再次确认试验环境、加热温度、时间、试棒直径和卷绕圈数等试验参数是否符合标准规定要求。必要时，对试样卷绕和加热的过程进行拍照或视频留证，不合格样品存入库房，以备核查。

六、结果判定

用正常视力或矫正后的视力而不用放大镜进行检查时，试样应无裂纹。热冲击（抗开裂）试验结果判定依据如表 1-61 所示。

表 1-61　热冲击（抗开裂）试验结果判定依据

试验项目	不合格现象	结果判定依据
热冲击（抗开裂）试验	绝缘：开裂或有裂纹	无裂纹
	护套：开裂或有裂纹	无裂纹

七、案例分析

1. 案例概况

型号为 KVVRP-450/750 4×1.5 的控制电缆热冲击（抗开裂）试验时护套开裂。

2. 不合格现象描述

试样开裂图如图 1-58 所示。

图 1-58　试样开裂图

3. 不合格原因分析

（1）原材料问题：护套的材料耐温等级不够，或使用了劣质材料生产，导致试样在高温下，在产生张力弯曲时，护套开裂。

（2）试验时，烘箱温度波动较大，或选择的试棒弯曲半径较小等情况，都会造成热冲击（抗开裂）试验的不合格，甚至开裂。

第二十二节　高温压力试验

一、概述

1. 试验目的

高温压力试验主要考核电缆绝缘和护套材料的热变形性能的一种检测方法，在规定温

度和负载下产生机械变形，当除去外力负荷，温度降低时能否恢复原状的能力，是否能够持续的起到绝缘和护层的作用，以保证电缆能正常运行时的质量，适用于电线、电缆和光缆的聚氯乙烯材料的绝缘和护套。

2. 试验依据

GB/T 2951.31—2008《电缆和光缆绝缘和护套材料通用试验方法 第31部分：聚氯乙烯混合料专用试验方法 高温压力试验 抗开裂试验》

高温压力试验在型式试验和抽样试验时的开展。

3. 主要参数及定义

k：有关电缆产品标准中规定的系数，如无规定，按表1-62。

表1-62 高电缆产品标准规定系数

k	绝缘	护套
0.6	软线和软电缆的绝缘线芯	软线和软电缆
0.6	D≤15mm的固定敷设用电缆绝缘线芯	D≤15mm的固定敷设用电缆
0.7	D>15mm的固定敷设用电缆绝缘线芯及扇形绝缘线芯	D>15mm的固定敷设用电缆

δ：绝缘或护套试样厚度的平均值（mm）。

D：绝缘或护套试样外径平均值（mm）。

F：刀片作用于每个绝缘（圆形或扇形绝缘线芯）或护套试样上的压力值（N），压力计算值可以向较小值化整，但舍去值不应超过3%。

二、试验前准备

1. 试验装备与环境要求

高温压力试验仪器设备如表1-63所示。

表1-63 高温压力试验仪器设备

仪器设备名称	参数及精度要求
高温压力试验仪	刀口厚度偏差≤0.70±0.01mm
热老化试验箱	温度偏差≤±2℃
数字投影仪	精度0.01mm

试验应在空气烘箱中进行，试验设备和试样放在烘箱中不应振动；或放在有防振支架的空气烘箱中，任何可能引起试样振动的设备（如鼓风机等），不允许直接和烘箱接触（GB/T 2951.31—2008中8.1.5和8.2.5的规定）。

预处理和试验温度：所有的试验应在绝缘护套挤出或硫化（或交联）后存放至少16h方可进行，除非另有规定，试验应在环境温度下进行（GB/T 2951.31—2008中第5章和第

6 章的规定）。

2. 试验前的检查

（1）检查绝缘或护套试样，外表面应无明显划痕，如有划痕，压痕等明显缺陷，须重新选取符合检验要求的样段。

（2）检查热老化试验箱的温度设定是否准确，试验箱提前预热。

（3）准备好试样加热后使用的冷却水。

（4）高温压力试验仪、热老化试验箱和数字投影仪等仪器设备计量检定是否满足检验要求。

三、试验过程

1. 试验原理

压痕装置由长方形刀具、试样支架和负荷组成，如图 1-59 所示。

图 1-59　对应实物图

2. 试验方法

（1）取样：GB/T 2951.31—2008 中 8.1.1 和 8.2.1 的规定：

绝缘：对每个被试绝缘线芯，应从每个长度为 250～500mm 样段上截取 3 个相邻的试样，试样长度应为 50～100mm。无护套的扁平软线的绝缘线芯不应分开。

护套：对每个被试护套，在除去外护层（若有）和所有内部组件（线芯、填充物、内护层、铠装等，若有）长为 250～500mm 的样段上截取相邻 3 个试样。

护套试样的长度应为 50～100mm（直径大的取较大值）。

（2）试样制备：GB/T 2951.31—2008 中 8.1.2 和 8.2.2 的规定：

绝缘：试样制备应采用机械方法除去试样上的所有的护层，包括半导电层（若有）。根据电缆的类型，试样可以是圆形或成形截面。

护套：如果护套内没有凸脊，则沿着电缆轴线方向，从每个护套试样上切取宽约为圆周长 1/4 的窄条。

如果护套内凸脊是由 5 芯以上的绝缘线芯造成的，则应按同样的方法切取窄条并磨掉凸脊。

如果护套内凸脊是由 5 芯及以下的绝缘线芯造成的，则应沿着凸脊方向截取窄条，窄

条上至少含有一个约处于中间部位的凹槽。

如果护套是直接包覆在同心导体、铠装或金属屏蔽上，由此形成的凸脊不可能磨掉或削掉（大直径的除外），则不必取下护套而将整个电缆段作为试样。

（3）试样的放置：GB/T 2951.31—2008 中 8.1.3 和 8.2.3 的规定。

绝缘：无护套扁平软线应以扁平边放置。小直径试样在支撑板上的固定方式不应使试样在刀片压力下发生弯曲。扇形试样应放置在带扇形凹槽的支撑板上，沿垂直于试样轴线的方向施加压力，刀片也应与试样轴线垂直。

护套：窄条应用一根金属棒或金属管支撑，金属棒或金属管可沿其轴线方向对半分开，以便更稳定地支撑。金属棒或金属管的半径约等于试样内径的一半。

试验设备、窄条和支撑棒（管）的放置应使金属棒支撑窄条，刀片对试样外表面加压。

沿着与金属棒或金属管或电缆（当用整段电缆时）的轴线相垂直的方向施加压力，并且使刀片也与试样的轴线相垂直。

（4）计算压力：GB/T 2951.31—2008 中 8.1.4 和 8.2.4 规定：

刀片作用于试样（圆形和扇形绝缘线芯或护套）上的压力 F（N）为

$$F = k\sqrt{2D\delta - \delta^2} \tag{1-15}$$

刀片作用于无护套扁平软线试样的压力应是上述公式计算值的两倍，其中 D 为试样短轴尺寸的平均值；对于扁平电缆或软线，其中 D 为护套试样短轴尺寸的平均值。

对于扇形线芯，D 为扇形“背部”或圆弧部分的直径平均值，用测量带在电缆缆芯上测量 3 次后取平均值（测量应在缆芯上三个不同位置进行）。

（5）试样加热：GB/T 2951.31—2008 中 8.1.5 和 8.2.5 的规定：

试验应在空气烘箱中进行，试验设备和试样放在烘箱中不应振动；或放在有防振支架的空气烘箱中，任何可能引起试样振动的设备（如鼓风机等），不允许直接和烘箱接触。

烘箱中空气温度应一直保持在有关产品标准规定的温度。在烘箱中放置的时间应按有关电缆产品标准规定，如电缆产品标准没有规定，则应按如下规定：试样外径 D≤15mm 时为 4h；试样外径 D＞15mm 时为 6h。

（6）试样冷却：GB/T 2951.31—2008 中 8.1.6 和 8.2.6 的规定：

规定的加热时间结束后，试样在烘箱中，在压力作用下迅速冷却，可用冷水喷射压在刀片下的试样来冷却。

试样冷却至室温并不再继续变形后，从试验装置中取出，然后浸入冷水中进一步冷却。

（7）压痕测量：GB/T 2951.31—2008 中 8.1.7 和 8.2.7 的规定：试样冷却后应立即测量压痕深度。

应抽出导体留下管状绝缘试样；沿着试样的轴线方向，垂直于压痕从试样上切取一窄条试片。将窄条试片平放在测量显微镜或测量投影仪下，并将十字线调到压痕底部和试片外侧。外径约 6mm 及以下的小试样应在压痕处和压痕附近横向切取两个试片。压痕深度应是显微镜下的测量值之差。

全部测量值均应以 mm 计，精确到小数点后两位。

四、注意事项

（1）试验设备和试样放在烘箱中不应振动，任何可能引起试样振动的设备（如鼓风机等），不允许直接和烘箱接触。如烘箱直接接触振动装置，可能会导致刀口垂直于线芯轴线方向发生偏差，刀口与线芯接触面会增加，导致线芯上接收的负荷压力分散，最终试验结果会发生偏离。

（2）将试验温度控制在±2℃范围内极其重要，小幅度的升温将导致压痕大幅度增加。有异议时，应使用合适的温度测量装置（如温度计）对温度进行连续监控，温度测量装置应与试样处于同一平面并尽可能靠近其中一个试样。确保任何时候温度都不超过特定材料规定值的最大值。试验开始时短时间内可能会出现温度低于最小值的现象产生，这段时间可忽略不计。

五、试验后的检查

（1）检查原始记录信息，如环境温度、空气相对湿度、试验条件、试验数据等。

（2）出现不合格时，应再次确认试验环境、老化温度、时间和负荷等试验参数是否符合标准规定要求。必要时，对加热、施加负荷的过程进行拍照或视频留证，不合格样品存入库房，以备核查。

六、结果判定

从每个试样上切取三个试片上测得的压痕中间值，应不大于试样绝缘厚度平均值的50%。高温压力试验结果判定依据如表 1-64 所示。

表 1-64　　高温压力试验结果判定依据

试验项目	不合格现象	结果判定依据
高温压力试验	绝缘或护套压痕中间值大于 50%	最大 50%

七、案例分析

1. 案例概况

型号为 YJV22-0.6/1kV 3×400 的交联聚乙烯绝缘钢带铠装聚氯乙烯护套电力电缆，护套材料为聚氯乙烯（PVC），产品执行 GB/T 12706.1—2008，护套压痕中间值大于50%。

2. 不合格现象描述

GB/T 12706.1—2008 要求，该产品试验温度为（90±2）℃，时间 6h，要求三个护套

试片压痕中间值不大于 50%，试验后压痕大于 50%，判定为不合格。

3. 不合格原因分析

不合格原因可能是：

（1）原材料质量问题：进货时的原材料为劣质的，含有回料，或杂质过多。

（2）生产工艺问题：如混料不均匀导致产品挤塑不均匀，造成性能不稳定；挤出温度及压力控制不合理导致产品未充分塑化，或绝缘内部产生气孔，导致产品护套承受机械应力的能力下降。

（3）试验方法问题：试验时施加的砝码配重过大，烘箱温度波动较大均会导致试验数据的偏离。

第二十三节　低温拉伸试验

一、概述

1. 试验目的

低温拉伸试验是考核电线电缆耐寒性能的一种检验方法，是考核电线电缆产品在寒冷地区或其他低温环境下能否正常运行的能力，电缆产品在敷设时，要求在最低环境温度或最小弯曲半径下安装，电缆能够承受一定的机械应力绝缘或护套不受破坏，即产品在低温下仍保持一定的韧性和弹性。适用于电线、电缆、橡胶、塑料绝缘护套在低温环境条件下进行拉伸性能试验。

2. 试验依据

GB/T 5023.1—2008《额定电压 450/750V 及以下聚氯乙烯绝缘电缆　第 1 部分：一般要求》

GB/T 2951.14—2008《电缆和光缆绝缘和护套材料通用试验方法　第 14 部分：通用试验方法　低温试验》

本试验属型式试验项目。

3. 主要参数及定义

ε 伸长率（%）：拉断时夹头间的距离与拉伸试验前夹头间的距离差值与拉伸试验前夹头间的距离的比值。

L_0：拉伸试验前试件夹头间距离，拉伸试验前夹头间的距离：22mm 或 30mm。

L_1：断裂时试件夹头间距离，mm。

二、试验前准备

1. 试验装备与环境要求

低温拉伸试验仪器设备如表 1-65 所示。

表 1-65　　　　　　　　　　　　　**低温拉伸试验仪器设备**

仪器设备名称	参数及精度要求
低温试验箱	0～70℃，偏差不大于±2℃
夹头原始距离	22mm 或 30mm，偏差不大于±0.5
拉伸速度	25mm/min，偏差不大于±2%
拉伸距离	50mm 或 100mm，偏差不大于±0.5

推荐采用的试样预处理：试验应在绝缘和护套料挤出或硫化（或交联）后存放至少 16h 方可进行。除非另有规定，任何试验前，所有试样应在温度（23±5）℃下至少保持 3h（GB/T 2951.11—2008 中第 5 章的规定）。

2．试验前的准备

（1）检查设备的计量标贴，确保设备在有效的计量周期内。

（2）检查试验区域，试验区域应有防冻伤、试验状态等警示标志。

（3）将低温拉伸试验仪放在低温试验箱里，然后将低温拉伸试验仪电线的连接器与电控柜的相应接口连接好。将电控柜电源线接通电源。

（4）开启低温试验箱，设定试验温度，打开低温试验箱分机开关，确认设备可以正常使用。

三、试验过程

1．试验原理和接线

低温拉伸试验设备由拉伸试验机箱内部分和拉伸试验机箱外驱动部分构成，外形如图 1-60 和图 1-61 所示。

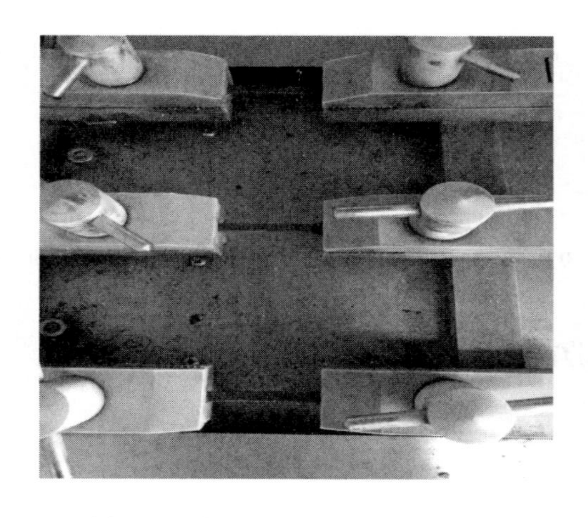

图 1-60　低温拉伸试验机箱内部分

图 1-61　低温拉伸试验机箱外部分

2. 试验方法

（1）取样和试样制备：用游标卡尺或测量带进行外径测量（测量试样的中间部位，在相互垂直的两个方向上分别测量取平均值作为试样的外径），试样外径大于 12.5mm 的圆形电线电缆或圆形绝缘线芯，以及宽度大于 20mm 扁平电线电缆，或可制备哑铃试件的扇形绝缘线芯适用本试验。

（2）绝缘低温拉伸制样：在每个被试线芯上切取两个适当长度的试样，所有护层（包括外半导电层，若有的话）应剥除，沿轴向切开试样，取出导电线芯和半导电层（若有的话）。绝缘试条应磨平或削平，以获得两个标记线间光滑平行的表面，磨平时应注意避免过热，对聚乙烯绝缘或聚丙烯绝缘只能采用削平方法，不能磨平。磨平或削平后试条的厚度不应小于 0.8mm，不大于 2.0mm，如不能获得 0.8mm 的厚度，允许最小厚度为 0.6mm。沿每根试条的轴向冲切两个哑铃试件，如有可能，应并排冲切。对于扇形线芯，应在绝缘线芯的“背部”切取哑铃片。至少制取 4 个哑铃试件。

（3）护套低温拉伸制样：从每个被试线芯切取两个适当长度的试样，沿轴向将护套切开，然后去除绝缘线芯、填充物以及里面的其他结构元件（若有的话）。如护套内外表面光滑，平均厚度不超过 2.0mm，则试样不必削平或磨平，超过 2.0mm 的试样或有标记压痕和内侧有压痕或凸脊的试样应削平或磨平，以获得两光滑的平行表面，其厚度应为 0.8～2.0mm，如从原始试样上不能获得 0.8mm 的试样，则允许最小厚度为 0.6mm，削平或磨平应注意避免过热和过分的机械损伤。切取哑铃试件的方法与绝缘制取哑铃试件的方法相同。至少制取 4 个哑铃试件。

（4）试验样本处理：如果使用液体制冷剂，则在规定试验温度下预处理时间不应小于 10min。

当试验设备和试样一起在空气中冷却时，冷却时间应至少 4h。如试验设备已预冷，冷却时间可缩短至 2h。如果试验设备和试样均已预冷，则将试样固定在试验设备上的冷却时间不应小于 30min。

如用混合液制冷，则该液体应不损伤绝缘和护套材料。

（5）试验步骤和试验条件：拉伸试验时，最好采用能直接测量标记线间距离的试验设备，但也可采用测量夹头间位移的试验设备。

拉力机的夹头应是非自紧式的。

在预冷的两个夹头中，哑铃试件被夹住的长度应是一样的。

如果试验时直接测量标记线之间的距离，则夹头之间的自由长度均应为 30mm 左右。

若是测量夹头间的位移，则对于 GB/T 2951.14—2008 中图 3 所示的哑铃试件其夹头间的自由长度应为（30±0.5）mm，

对于 GB/T 2951.14—2008 中图 4 哑铃试件其夹头间的自由长度应为（22±0.5）mm。

拉力机夹头的分离速度应为（25±5）mm/min。

试验温度按有关电缆产品标准的规定。

伸长率用拉断时标记线间距离，或拉断时夹头间的距离来确定。

四、注意事项

（1）如采用测量夹头位移距离时，在试件从设备上取下前，应仔细检查试件在夹头内的部分是否有脱落，当发现有部分脱落时，试验数据应作废。

（2）有机械损伤的试件不能用于低温拉伸试验。

（3）合适的制冷剂是乙醇或甲醇与干冰的混合物。

（4）设备和试样在预冷时，不能打开低温箱。

五、试验后的检查

（1）检查原始记录信息，如环境温度、空气相对湿度、试验条件、试验数据等。

（2）检查计算结果的准确性，断裂伸长率按下式计算。

$$\varepsilon = (L_1 - L_0) / L_0 \times 100\%$$

（3）检查试样的断裂区域。

（4）试验结束后，停机，切断电源，打开低温箱，取出低温拉伸试验仪，放在干燥处。

六、结果判定

试验时至少要有 3 个有效数据，除产品标准另有规定外，有效试验结果均不得小于 20%。

在有争议时，应采用测量标记线间距离的方法。

七、案例分析

1. 案例概况

ZA-YJV62-8.7/15 1×630 的样品开展护套低温拉伸试验，伸长率试验结果不符合标准要求。

2. 不合格现象描述

GB/T 12706.2—2008 规定，护套低温拉伸的试验方法为 GB/T 2951.14—2008 和 GB/T 2951.14—2008 中规定断裂伸长率结果不得小于 20%，该样品 3 个试样的伸长率均小于 20%。

3. 不合格原因分析

（1）产品在挤包外护套前，未对外护套材料进行低温性能测试。

（2）生产时，可能未严格按照生产工艺要求，外护套材料选用错误。

（3）在生产电缆料时，未按规定要求加入低温增塑剂或者其他原因。

第二十四节　低温弯曲试验

一、概述

1. 试验目的

低温弯曲试验是考核电线电缆耐寒性能的一种检验方法，是考核电线电缆产品在寒冷地区或其他低温环境下能否正常运行的能力，电缆产品在敷设时，要求在最低环境温度或最小弯曲半径下安装，电缆能够承受一定的弯曲预应力或能够多次承受较小弯曲半径的机械应力绝缘、护套不开裂、受损，即产品在低温下仍保持一定的韧性和弹性，来考核低温弯曲性能能否到达标准要求。

2. 试验依据

GB/T 2951.11—2008 IEC 60811-1-1:2001《电缆和光缆绝缘和护套材料通用试验方法　第 11 部分：通用试验方法—厚度和外形尺寸测量—机械性能试验》

GB/T 2951.14—2008《电缆和光缆绝缘和护套材料通用试验方法　第 14 部分：通用试验方法—低温试验》

GB/T 5023.1—2008《额定电压 450/750V 及以下聚氯乙烯绝缘电缆　第 1 部分：一般要求》

本试验属型式试验项目。

二、试验前准备

1. 试验装备与环境要求

低温弯曲试验仪器设备如表 1-66 所示。

表 1-66　　低温弯曲试验仪器设备

仪器设备名称	参数及精度要求
低温试验箱	0～70℃，偏差不大于±2℃
卷绕速度	12 转/min，偏差不大于±0.5
试棒直径	偏差±1%

推荐采用 GB/T 2951.11—2008 中第 5 章的预处理规定，所有的试验应在绝缘和护套料挤出或硫化（或交联）后存放至少 16h 方可进行。除非另有规定，试验前，所有试样应在温度（23±5）℃下至少保持 3h。

2. 试验前的检查

（1）检查设备的计量标贴，确保设备在有效的计量周期内。

（2）检查试验区域，试验区域应有防冻伤、试验状态等警示标志。

（3）开启低温试验箱，设定试验温度，打开低温试验箱风机开关，确认设备可以正常使用。

三、试验过程

1. 试验原理和接线

外径 12.5mm 及以下的圆形绝缘线芯及不能制备哑铃试件的扇形绝缘线芯或外径 12.5mm 及以下的电缆和短轴尺寸 20mm 及以下的扁电缆适用于本试验。卷绕后试样状态如图 1-62 所示。

图 1-62　卷绕后试样状态

2. 试验方法

（1）取样和试样制备。

1）绝缘低温卷绕：从每个被试绝缘线芯上取两根适当长度（一般取 500mm）的试样。如有外护层，应除去后才能作为试样。

2）护套低温卷绕：从每个被试护套上取两根适当长度的电缆试样。试验前，应剥去护套上的所有护层。

（2）试验步骤。

1）试样应按图 1-62 所示固定在设备上。

2）装好试样的设备应在规定温度的低温箱内放置不少于 16h。16h 的冷却时间包括冷却设备所必需的时间。

3）如果试验设备已预冷，只要试样已达到规定的试验温度。则允许缩短冷却时间，但不得少于 4h。

4）如果试验设备和试样均已预冷，则将每个试样固定在试验设备上后冷却 1h。

5）规定的冷却时间结束后，应以约每 5s 转一圈的速率匀速旋转试棒，使试样整齐地在试棒上卷绕成紧密的螺旋。如果是扇形试样，则试样的圆形“背部”应与试棒接触。

（3）试验条件。

1）试验温度应按有关电缆产品标准规定。

2）试棒的直径应为试样直径的 4～5 倍。

3）卷绕圈数应按表 1-67 规定选择。

表 1-67　低温弯曲试验卷绕圈数选择依据

试样外径 d（mm）	旋转圈数
$d \leqslant 2.5$	10
$2.5 < d \leqslant 4.5$	6

续表

试样外径 d（mm）	旋转圈数
4.5＜d≤6.5	4
6.5＜d≤8.5	3
8.5＜d≤12.5	2

4）每一试样的直径应用游标卡尺或测量带进行测量（试样直径测量方法：测试试样的中间部位，在相互垂直的两个方向上分别测量取平均值作为试样的外径）。

5）对于扇形试样，以短轴作为等效直径来确定试棒直径和卷绕圈数。

6）对于扁平软线，应以试样的短轴尺寸来确定试棒的直径和卷绕圈数。卷绕时短轴垂直于试棒。

四、注意事项

（1）压轮必须调节松紧适当，如过紧将导致试棒无法旋转。

（2）根据外径选择合适模芯旋入导向管，如模芯过大，试样移动距离较大，将导致不能紧密卷绕试样。

五、试验后的检查

（1）检查原始记录信息，如环境温度、空气相对湿度、试验条件、试验数据等。

（2）试验后的样品应放在指定位置，样品标识状态应勾选正确。

（3）试验结束后，应从低温箱中取出卷绕设备，擦干，加润滑油。设备应放在干燥处。

六、结果判定

当用正常视力或矫正过的视力而不用放大镜进行检查时，两个绝缘试样均应无任何裂纹。

七、案例分析

1. 案例概况

60227 IEC 06（RV）300/500V 1×1 的样品（300/500V 聚氯乙烯绝缘软电缆），要求进行绝缘低温弯曲试验，低温试验结果，两个试验结果均有裂纹，不符合标准规定要求。

2. 不合格现象描述

该样品的两个试样均有裂纹或其中一个试样有裂纹。

3. 不合格原因分析

（1）产品在挤包绝缘材料前，未对绝缘材料进行低温性能测试。

（2）生产时，可能未严格按照生产工艺要求，绝缘材料选用错误。

（3）在生产绝缘料时，未按规定要求加入低温增塑剂或者其他原因。

第二十五节 低温冲击试验

一、概述

1. 试验目的

低温冲击试验是考核电线电缆耐寒性能的一种检验方法，是考核电线电缆产品在寒冷地区或其他低温环境下能否正常运行的能力，电缆产品在敷设时，要求在最低环境温度或最小弯曲半径下安装，电缆能够承受一定的机械冲击应力时绝缘、护套不开裂、受损，即产品在低温下仍保持一定的韧性和弹性，来考核低温性能能否到达标准要求。

本试验适用于各种聚氯乙烯护套电缆，而与绝缘线芯的绝缘类型无关。如果有关电缆产品标准有规定，也适用于无护套的电线、软线和扁平软线的聚氯乙烯绝缘。护套电缆的聚氯乙烯绝缘不直接进行低温冲击试验。

2. 试验依据

GB/T 2951.11—2008《电缆和光缆绝缘和护套材料通用试验方法 第11部分：通用试验方法 厚度和外形尺寸测量 机械性能试验》

GB/T 2951.14—2008《电缆和光缆绝缘和护套材料通用试验方法 第14部分：通用试验方法 低温试验》

本试验属型式试验项目。

3. 主要参数及定义

固定敷设的电缆：内部固定用电缆，如型号为BV、RV、BVV、YJV、KVV等。

软电缆、软线：移动场合用电缆，如型号为RVV、KVVR、YJRV、VRV等。

二、试验前准备

1. 试验装备与环境要求

低温冲击试验仪器设备如表1-68所示。

表1-68 低温冲击试验仪器设备

仪器设备名称	参数及精度要求
低温试验箱	0～70℃，偏差不大于±2℃
落锤质量	参数规格：100、200、300、400、500、600、750、1000、1250、1500g。落锤质量偏差：500g及以下，不超过5g；大于500g小于等于1000g，不超过10g；大于1000g，不超过15g
落锤高度	100mm，偏差不大于±0.5%

续表

仪器设备名称	参数及精度要求
铁块直径	20mm，偏差不大于±1mm
铁块重量	100g

GB/T 2951.11—2008 中第 5 章的预处理规定，所有的试验应在绝缘和护套料挤出或硫化（或交联）后存放至少 16h 方可进行。除非另有规定，试验前，所有试样应在温度（23±5）℃下至少保持 3h。

2. 试验前的检查

（1）检查设备的计量标贴，确保设备在有效的计量周期内。

（2）检查试验区域，试验区域应有防冻伤、试验状态等警示标志。

（3）检查冲击试验设备，设备应放在约 40mm 厚的海绵橡皮垫上，且应平稳的放置在低温箱内。

（4）开启低温试验箱，设定试验温度，打开低温试验箱风机开关，确认设备可以正常使用。

三、试验过程

1. 试验原理和接线

（1）低温冲击试验是考核电线电缆在低温条件下且受到外部力冲击时电缆能否正常工作和使用。本试验方法用低温试验箱模拟低温环境，落锤在 100mm 高处落下冲击电缆，模拟电缆受到一定的冲击力，冲击后使试样恢复到室温然后正常目力检查试样表面是否符合标准的规定要求。低温冲击试验设备，主要有低温试验箱、冲击试验架、导杆、落锤砝码、中间铁块、V 形铁片组成。低温试验箱如图 1-63 所示、落锤砝码如图 1-64 所示、V 形片如图 1-66 所示、中间铁块如图 1-66 所示。

图 1-63 低温试验箱

（2）试样应根据 GB/T 2951.14—2008 中图 2 的要求进行放置，具体放置位置如图 1-67 所示，先把试样放在试验机的 V 形架上，然后用钩子勾住落锤砝码，保证落锤底面与试样的上表面的距离为 100mm。

2. 试验方法

（1）取样和试样制备：取样前应检查电缆的外观，电缆表面不能有裂纹、破损、凹凸、划伤、压伤、擦拭等缺陷。然后取 3 个成品电缆试样，每个试样长度至少应是电缆外径的 5 倍，最短 150mm。取样时应保证试样两端端面垂直，电缆外径用游标卡尺测量或用测量带测量。测量试样的中间部位，在相互垂直的两个方向上分别测量取平均值作为试样的外径。

图 1-64　落锤砝码

图 1-65　V 形片

图 1-66　中间铁块

图 1-67　试样放置图

（2）试验条件：试验温度应由有关电缆产品标准规定。

（3）对于固定敷设的电缆试样，试验用落锤质量应按表 1-69 的规定选择。

表 1-69　　固定敷设的电缆试样低温冲击试验落锤质量选择依据

试样外径（mm）		落锤质量（g）
大于	小于等于	
—	4.0	100
4.0	6.0	200
6.0	9.0	300

续表

试样外径（mm）		落锤质量（g）
大于	小于等于	
9.0	12.5	400
12.5	20.0	500
20.0	30.0	750
30.0	50.0	1000
50.0	75.0	1250
75.0	—	1500

（4）对软电缆、软线试样，试验用落锤质量应按表 1-70 的规定选择。

表 1-70　　软电缆、软线试样低温冲击试验落锤质量选择依据

试样外径（mm）		落锤质量（g）
大于	小于等于	
—	6.0	100
6.0	10.0	200
10.0	15.0	300
15.0	25.0	400
25.0	35.0	500
35.0	—	600

（5）试验步骤：根据试样外径选择合适的 V 形铁片（V 形铁片作用是使圆形电线电缆定位，防止左右滚动），将试样放在底座上，向上拉起刻度导杆，将落锤砝码套入刻度导杆内，然后将中间铁块与刻度导杆衔接，再将其放置在试样上。落锤砝码应被导向架钩住［操作方法，顺时针将手轮旋转 90°，则与手轮相连的偏心轴也随之转动 90°（弹簧较紧，转动时需用较大的力）］。调节导向架高度，方法是逆时针方向旋松导向架两边螺栓，双手握住导向架螺栓，根据需要的高度向上或向下移动导向架。将调节好的整机放入低温箱内，并将牵引钢丝绳由低温箱操作孔穿过，引入箱体外侧左壁上的扳手中，并将支住螺钉紧定。冲击机及试样按规定标准已全部冷却后（冷却时间要求：设备和试样均未预冷却处理者，冷却时间不少于 16h，如果试验设备已预冷，并且试样已达到规定的试验温度，则允许缩短冷却时间，但不得少于 1h），扳动操作扳手，钢丝绳即牵引导向架摆动机构，使导向架偏心轴转动 90°，迫使扣钩倾斜，重锤冲击试样。冲击结束后取出试样，使试样恢复到近似室温，然后检查试样表面。检查护套和绝缘的内外表面。护套电缆或软线的绝缘只检查外表面。使试样保持平直，将试样以每 100mm 转 360°进行扭转，然后对绝缘进行检查。

若绝缘试样不能进行扭转，则按下述护套的规定方法进行检查。检查电缆或软线护套前，应先使其恢复到接近室温后浸入水温 40～50℃热水中，然后再沿着电缆轴向将护套切开。用于检查试样的内表面。

四、注意事项

（1）试样应放在重锤的正下方，保证重锤落下时刚好击中试样的中间部位。

（2）如果对护套进行低温冲击试验，应对绝缘外表面和护套内表面进行检测。

（3）落锤和导杆之间不得有水，以防冻结使落锤不能下滑。

（4）操作应迅速，以保证试样在规定温度下试验。

（5）扁平软线试验时，其短轴应与钢质底座垂直。

（6）每次使用完毕后必须将低温冲击设备清洗干净，低温箱内保持无水滴、灰尘及杂物等。

（7）当出现不合格现象时应进行拍照留存，照片中应能明显体现不合格的情况。不合格试样应按规定要求进行保存。

五、试验后的检查

（1）检查原始记录信息，如环境温度、空气相对湿度、试验条件、试验数据等。

（2）试验后的样品应放在指定位置，样品标识状态应勾选正确。

（3）试验结束后，应从低温箱中取出冲击设备，擦干，加润滑油。设备应放在干燥处。

六、结果判定

用正常视力或矫正视力而不用放大镜检查时，3 个试样均不应有裂纹。如 3 个试样中有 1 个裂纹，则应再取 3 个试样重复进行试验。如这 3 个试样无裂纹，则符合试验要求。如仍有任何 1 个试样有裂纹，则电缆或护套不符合试验要求。

七、案例分析

1．案例概况

ZA-YJV62-8.7/15 1×630 的样品开展成品电缆低温冲击试验，冲击试验结果不符合标准要求。

2．不合格现象描述

GB/T 12706.2—2008 规定，成品电缆低温冲击的试验方法为 GB/T 2951.14—2008 和 GB/T 2951.14—2008 中规定 3 个试样均不应有裂纹。该样品试验后 3 个试样的外护套表面均有裂纹，不符合 GB/T 12706.2—2008 要求。

3．不合格原因分析

（1）产品在挤包外护套前，未对外护套材料进行低温性能测试。

（2）生产时，可能未严格按照生产工艺要求，外护套材料选用错误。

（3）在生产电缆料时，未按规定要求加入低温增塑剂或者其他原因。

第二十六节 单根绝缘电线电缆火焰垂直蔓延试验

一、概述

1．试验目的

电缆在 1kW 预混合型火焰蔓延破坏性试验中，来模拟单根电缆发生火灾后燃烧情况，以及燃烧过程中产生的滴落物情况，来检验电缆耐延燃程度。预防因电缆起火燃烧而引起的损失。

2．试验依据

GB/T 5169.14—2017《电工电子产品着火危险试验 第 14 部分：试验火焰 1kV 标称预混合型火焰装置、确认试验方法和导则》

GB/T 18380.11—2008《电缆和光缆在火焰条件下的燃烧试验 第 11 部分：单根绝缘电线电缆火焰垂直蔓延试验试验装置》

GB/T 18380.12—2008《电缆和光缆在火焰条件下的燃烧试验 第 12 部分：单根绝缘电线电缆火焰垂直蔓延试验 1kW 预混合型火焰试验方法》

GB/T 18380.13—2008《电缆和光缆在火焰条件下的燃烧试验 第 13 部分：单根绝缘电线电缆火焰垂直蔓延试验测定燃烧的滴落（物）/微粒的试验方法》

GB/T 19666—2005《阻燃和耐火电线电缆通则》

GB/T 5169.14—2017 是单根绝缘电线电缆火焰垂直蔓延试验中，火焰校准验证的标准

GB/T 18380.11—2008 是单根绝缘电线电缆火焰垂直蔓延试验试验装置具体要求标准

GB/T 18380.12—2008 是单根绝缘电线电缆火焰垂直蔓延试验方法主要标准及结果判定标准

GB/T 18380.13—2008 是测定燃烧的滴落（物）/微粒的试验方法标准

GB/T 19666—2005 是单根绝缘电线电缆火焰垂直蔓延试验结果标准值判定的引用标准

3．主要参数及定义

引燃源：引发燃烧的能源。

炭：因热解或不完全燃烧形成的炭残余物。

上支架：试验箱体中用于固定样品的上端支架。

燃烧的滴落物：在试验过程中熔融或从试样上分离并落至试样最初的下端以下的物质，在下落的过程中继续燃烧，并点燃试样下方的滤纸。

二、试验前准备

1. 试验装备与环境要求

单根绝缘电线电缆火焰垂直蔓延试验仪器设备如表 1-71 所示。

表 1-71　　单根绝缘电线电缆火焰垂直蔓延试验仪器设备

仪器设备名称	参数及精度要求
金属罩尺寸（mm）	1200×300×450，（±25）
夹具间距离（mm）	550（±5）
喷灯与夹具的轴线夹角	45°（±2°）
燃烧灯内径（mm）	7.0（±0.1）
流量计	丙烷 650，（±2%）mL/min 空气 10，（±2%）L/min
时间控制器（s）	60/120/240/480，（±1%）
长度测量尺（mm）	1000（±0.5）

试验前应样品在温度（23±5）℃，相对湿度（50±20）%的环境下处理至少 16h，若样品表面有涂料或清漆涂层时，试样应在（60±2）℃温度下放置 4h，然后再进行上述处理，依据 GB/T 18380.12—2008 中 5.2 的规定。

试验箱的温度应该保持在（23±10）℃，依据 GB/T 18380.11—2008 中 4.4 的规定。

2. 试验前的检查

（1）检查样品是否进行预处理。

（2）检查本试验需要的设备计量参数是否符合规定。

（3）检查设备，空气、丙烷气路是否流畅，设备点火、计时是否正常。

（4）对燃烧源火焰验证试验，方法要求参考 GB/T 5169.14—2017 的有关规定。

注：根据 GB/T 5169.14—2017 要求对火焰进行校准，用以保证试验火焰的准确性。空气体积流量在 23℃、0.1MPa 的条件下测得为（10.0±0.3）L/min，丙烷的体积流量在 23℃、0.1MPa 的条件下测得为（650±10）mL/min，火焰蓝色焰心高度为 46～78mm，火焰总高度为 148～208mm；将喷灯垂直，将热电偶固定在离喷灯口 94～96mm 的位置上，点燃喷灯，使得外焰将热电偶包覆；记录温度从（100±5）℃上升到（700±3）℃的时间，重复 2 次这样的校准试验且每次测量后需要将铜块在空气中自然冷却到 50℃以下，3 次的时间均在（46±6）s 内，则火焰强度被认可，符合要求。根据 GB/T 5169.14—2017 中 6.2 的确认试验频率，确认试验应在下列情况下进行：

1）当供气装置进行更换时，或试验装置重置时。

2）如果两次使用间隔时间超过一个月，在使用试验火焰前进行。

3）如果两次使用时间不超过一个月，则每个月进行一次。

校准试验如图 1-68 所示。

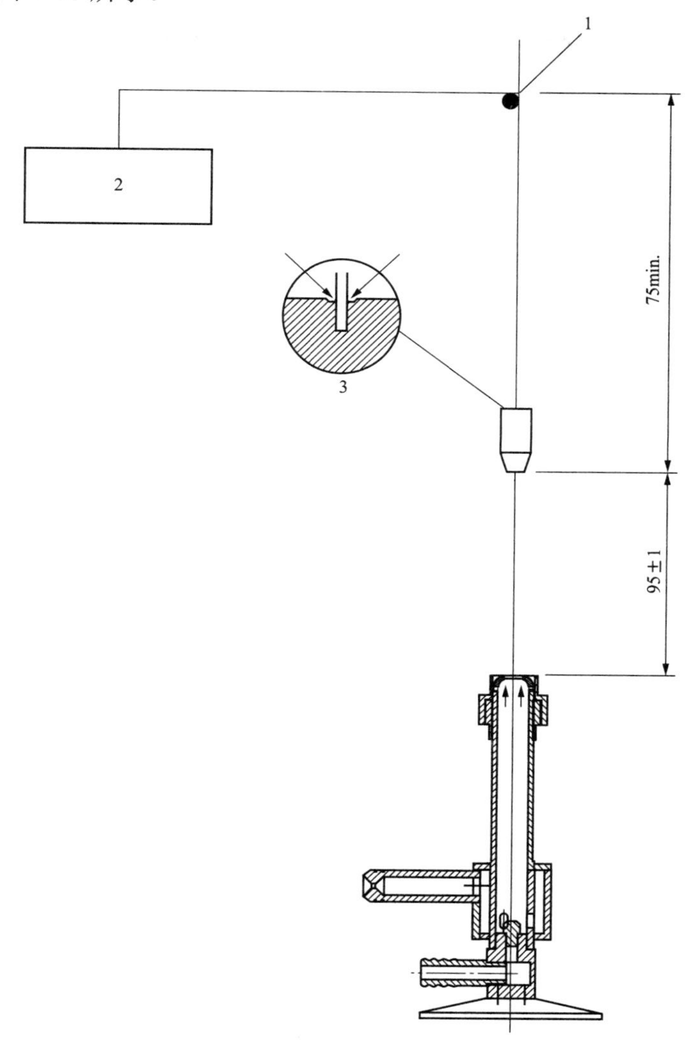

图 1-68　校准试验（单位：mm）

1—悬挂点；2—温度、时间显示、记录装置；3—在保证热电偶插入到铜块孔的地步后，压紧铜块以固定热电偶，但不要损伤热电偶，铜块悬挂的方式应使铜块在试验时基本保持静止

三、试验过程

1. 试验原理和接线

本试验通过 1kW 预混合型火焰蔓延，模拟单根电缆发生火灾后燃烧情况，以及燃烧过程中产生的滴落物情况，来检验电缆耐延燃程度。其中属于 GB/T 12706.1—2008 的产品需要依据 GB/T 18380.12—2008、GB/T 18380.13—2008 中的有关规定，同时做单根绝缘电线电缆火焰垂直蔓延试验和测定燃烧的滴落（物）/微粒两个试验。

接线实物图如图 1-69 和图 1-70 所示。

图 1-69　接线实物图（一）

图 1-70　接线实物图（二）

2. 试验方法

（1）根据 GB/T 18380.12—2008 中 5.3 的规定试样应被校直，并用合适的铜丝固定在两个水平支架上，垂直安置在 GB/T 18380.11—2008 中 4.2 的中描述的金属罩的中间。固定试样的两个水平支架的上支架下缘与下支架上缘之间距离应为（550±5）mm。此外，固定试样时应使试样下端距离金属罩底面约 50mm（见图 1-71）。试样垂直轴线应处在金属罩中间位置（也就是距离两侧面 150mm，距离背面 225mm）。根据试样产品标准如果涉及滴落物试验，则依据 GB/T 18380.13—2008 中 5.3 的规定，两张滤纸（300±10）mm×（300±10）mm 重叠放置，试验开始前 3min 内平放在金属罩底部。滤纸应置于试样下方正中，如图 1-71 所示。

（2）根据 GB/T 18380.12—2008 中 5.4.1 的规定点燃 GB/T 18380.11—2008 中 4.3 的所述的喷灯，将燃气和空气调节到 18380.12—2008 中附录 B 推荐的流量空气在 23℃、0.1MPa 的条件流量（10±0.5）L/min，纯度超过 95%的丙烷在 23℃、0.1MPa 的条件下流量（650±30）mL/min。喷灯的位置应使蓝色内锥的尖端正好触及试样表面，接触点距离水平的上支架下缘（475±5）mm，同时喷灯与试样是垂直轴线成 45°±2°的夹角，如图 1-72 所示。对于扁平电缆，火焰接触点应在电缆扁平部分的中部。然后根据 GB/T 18380.12—2008 中 5.4.2 的，供火应连续，且供火时间应根据试样直径符合表 1-72 规定。根据试样产品标准如果涉及滴落物试验，则依据 GB/T 18380.13—2008 中第 6 章的规定，在试验期间作如下记录：①滤纸是否被点燃；②若滤纸被点燃，记录从滤纸被点燃到燃烧熄灭的时间。

表 1-72　单根绝缘电线电缆火焰垂直蔓延试验供火时间

试样外径①（mm）	供火时间②（s）
$D \leq 25$	60±2
$25 < D \leq 50$	120±2
$50 < D \leq 75$	240±2
$D > 75$	480±2

① 对于非圆形电缆（例如扁形结构）在进行试验，应测量电缆周长并换算成等效直径，如像电缆是圆的那样。

② 对于长短轴之比大于 17:1 的扁电缆，供火时间仍在考虑中。

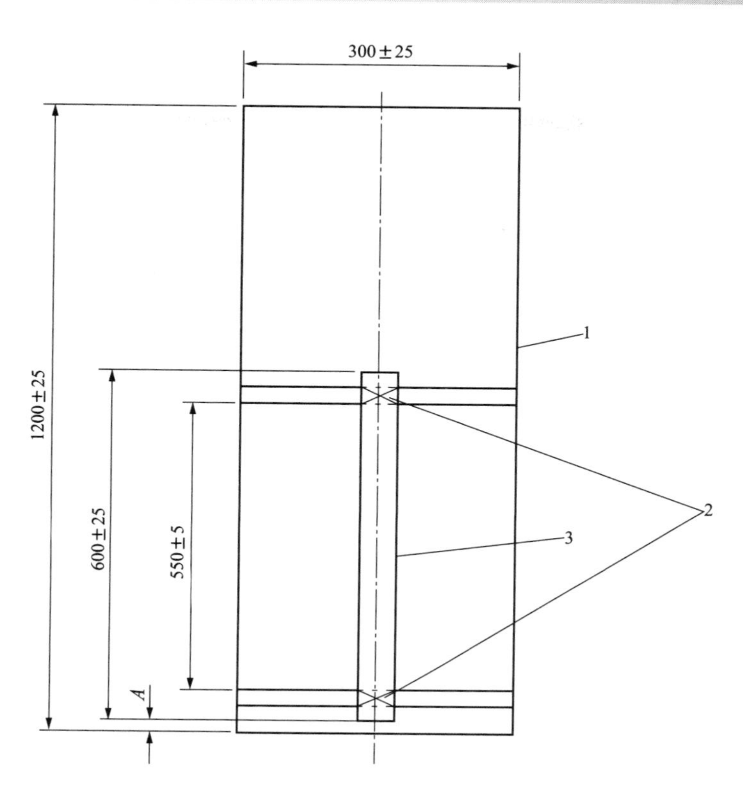

图 1-71　试验设备中的试样位置（单位：mm）

1—金属罩；2—支架和铜线绑扎；3—试样；*A*—试样下端至底板之间的长度 50mm（近似值）

完成规定时间的供火后，将喷灯移开并熄灭喷灯火焰。

（3）完成规定时间的供火后，熄灭喷灯火焰。当所有燃烧停止后，此时打开排气扇进行通风，直到箱体中烟尘排除干净。

（4）烟尘排干净后，打开试验箱，擦净试样。根据 GB/T 18380.12—2008 中第 6 章规定进行试样结果评价，如果原来的表面未损坏，则所有擦得掉的烟灰可忽略不计，非金属材料的软化或任何变形也忽略不计。测量上支架下缘与炭化部分上起始点之间的距离和上支架下缘与炭化部分下起始点之间的距离，精确至毫米。炭化部分起始点应按如下规定测定：用锋利的物体，例如小刀的刀刃按压电缆表面，如果弹性表面在某点变为脆性（粉化）表面，则表明该点即是炭化部分起始点。

四、注意事项

（1）试验结束后，关闭气瓶，做好尾气处理后再关设备。

（2）试验开始前一定要做气路检查，防止燃气泄漏而引起的安全危害。

（3）要定期对火焰进行校准，来保证火焰能达到标准要求。

（4）做试验时应采取保护措施来预防操作人员免遭下述危害：①火灾或爆炸危险；②烟雾和/或有毒产物的吸入，尤其是燃烧含卤材料时；③有毒残渣。

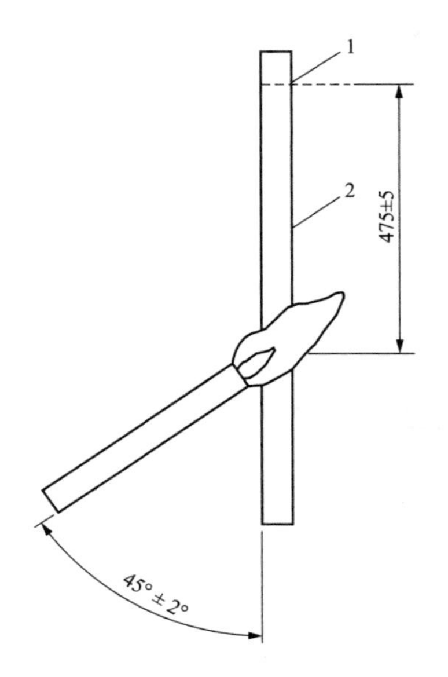

图 1-72　对试样供火（单位：mm）

1—上支架下缘；2—试样

（5）试验过程中不要开排烟扇，以免对试验产生影响。

（6）设备要经常保养，尤其是喷灯要经常擦洗。

五、试验后的检查

（1）检查原始记录信息，如环境温度、空气相对湿度、试验条件、试验数据等。

（2）如果试验样品不合格，把试验后残存样品保存好并用影像记录尺子测量炭化部分的照片，找出剩余样品，核查样品外径，来再次确认施加火焰时间。

（3）如果样品试验不合格应再进行两次试验，如果两次试验结果均通过，则应认为该电线电缆通过本试验。

六、结果判定

单根绝缘电线电缆火焰垂直蔓延试验结果判定依据如表 1-73 所示。

表 1-73　　单根绝缘电线电缆火焰垂直蔓延试验结果判定依据

试验项目	不合格现象	结果判定依据
单根绝缘电线电缆火焰垂直蔓延试验	上支架下缘与炭化部分起始点之间的距离小于 50mm。 燃烧向下延伸至距离上支架的下缘大于 540mm	18380.12—2008 中的附录 A 推荐性能要求上支架下缘与炭化部分起始点之间的距离大于 50mm，则电线电缆通过本试验。另外，如果燃烧向下延伸至距离上支架的下缘大于 540mm 时，应判为不合格并作记录
	试样烧焦超过距上夹具下缘 50～540mm	GB/T 19666—2005 中 5.1 的表 3 规定试样烧焦应不超过距上夹具下缘 50～540mm 的范围外
单根绝缘电线电缆火焰垂直蔓延试验测定燃烧的滴落（物）/微粒的试验	滤纸被点燃	GB/T 18380.13—2008 中的附录 A 推荐的性能要求规定试验过程中滤纸没有被点燃，则电线电缆通过本次试验

七、案例分析

1. 案例概况

型号为 WDZC-BYJ-105 450/750V 1×2.5 铜芯交联聚烯烃绝缘无卤低烟阻燃电缆，在单根不延燃试验中上支架下缘与炭化部分起始点之间的距离等于 0，下延伸距离上支架的下缘大于 550mm，不符合标准要求。

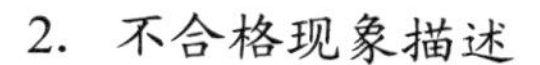
2. 不合格现象描述

在试验过程中，当供火熄灭后，样品以小火持续续燃，并一直烧到样品顶端。

3. 不合格原因分析

样品单根不延燃试验不合格，可能是材料本身问题，如阻燃剂添加不够、添加不均匀、阻燃剂质量问题等。

第二十七节　成束燃烧试验

一、概述

1. 试验目的

随着经济的发展，阻燃电缆的应用越来越广泛，对电缆阻燃性能的要求也越来越高，而GB/T 18380的第31～36部分的各规定了一种试验方法，用来评价垂直安装的成束电线电缆或光缆在规定条件下抑制火焰垂直蔓延的能力，减少因电缆起火而引起的灾害损失。属于型式试验和抽样试验。

2. 试验依据

GB/T 18380.31—2008《电缆和光缆在火焰条件下的燃烧试验　第31部分：垂直安装的成束电线电缆火焰垂直蔓延试验试验装置》

GB/T 18380.32—2008《电缆和光缆在火焰条件下的燃烧试验　第32部分：垂直安装的成束电线电缆火焰垂直蔓延试验　A F/R类》

GB/T 18380.33—2008《电缆和光缆在火焰条件下的燃烧试验　第33部分：垂直安装的成束电线电缆火焰垂直蔓延试验　A类》

GB/T 18380.34—2008《电缆和光缆在火焰条件下的燃烧试验　第34部分：垂直安装的成束电线电缆火焰垂直蔓延试验　B类》

GB/T 18380.35—2008《电缆和光缆在火焰条件下的燃烧试验　第35部分：垂直安装的成束电线电缆火焰垂直蔓延试验　C类》

GB/T 18380.36—2008《电缆和光缆在火焰条件下的燃烧试验　第36部分垂直安装的成束电线电缆火焰垂直蔓延试验　D类》

GB/T 19666—2005《阻燃和耐火电线电缆通则》

JB/T 4278.15—2011《橡皮塑料电线电缆试验仪器设备检定方法　第15部分：成束燃烧试验装置》

GB/T 18380.31—2008是垂直安装的成束电线电缆火焰垂直蔓延试验试验装置要求的标准

GB/T 19666—2005是垂直安装的成束电线电缆火焰垂直蔓延试验标准值判定的引用标准

JB/T 4278.15—2011 是成束燃烧试验装置的检定标准

3. 主要参数及定义

引燃源：引发燃烧的能量源。

炭：高温分解或不完全燃烧产生的含碳残渣。

火焰蔓延：火焰前沿传播。

二、试验前准备

1. 试验装备与环境要求

成束燃烧试验仪器设备如表 1-74 所示。

表 1-74　　成束燃烧试验仪器设备

仪器设备名称	参数及精度要求
试验箱尺寸（mm）	深（2000±100）mm，宽（1000±100）mm，高（4000±100）mm
进气口（mm）	在试验箱的底部，左右居中，深（400±10）mm，宽（800±20）mm，距前墙应为（150±10）mm
出气口（mm）	在试验箱顶部，深（300±30）mm，宽（1000±100）mm，紧靠后墙
（标准型/宽型）钢梯（mm）	（标准型）宽（500±5）mm/（宽型）（800±10）mm，总高度（3500±10）mm，其间均匀 9 级分布，用钢管制成，立柱钢管直径约为（33.7±0.5）mm，横档钢管直径约为（26.9±0.4）mm，横档间距（407±10）mm
喷灯（mm）	在金属板标称尺寸 257mm×4.5mm 的范围内钻 242 个孔，分三排交错排列，每列分别为 81、80、81 个孔，孔的直径应为（1.32±0.02）mm，孔的中心距离应为（3.2±0.1）mm
时间控制器（20/40min）	时间偏差±1%
流量计	丙烷：13.5L/min； 空气：77.7L/min

试验环境：如果装在试验箱顶部的风速计测得的外部风速大于 8m/s，则不应进行试验。如果内侧墙的温度低于 5℃或高于 40℃，也不应进行试验。内侧墙温度在距箱底板上部 1500mm、距一侧墙面 50mm 和距门 1000mm 的交点上进行测量。试验期间试验箱的门应始终关上（GB/T 18380.31—2008 中第 4 章的规定）。

试样预处理：试验前作为试样的电缆试样段应在（20±10）℃下放置至少 16h。电缆试样段应该是干燥（GB/T 18380.32～36—2008 中 5.1 的规定）。

2. 试验前的检查

（1）检查样品是否预处理。

（2）检查本试验需要的设备计量参数是否符合规定。

（3）检查设备，空气、丙烷气路是否流畅，设备点火、计时是否正常。

（4）试验开始之前，恒定控制温度在（20±10）℃，在进气口测量空气流量为（5000±500）L/min。

三、试验过程

1. 试验原理和接线

模拟火灾中成束电缆发生燃烧来检验电缆抑制火焰垂直蔓延的能力。

（1）阻燃 AF/R 级参考（只适用于导体截面积大于 $35mm^2$ 的电力电缆，电缆间隔的安装在标准型钢梯的前面和后面，不用于普通电缆。）安装如图 1-73 所示。

（2）阻燃 A 级参考（电缆根据电缆试样段数量和导体截面使用标准型钢梯或宽型钢梯）安装如图 1-74～图 1-76 所示。

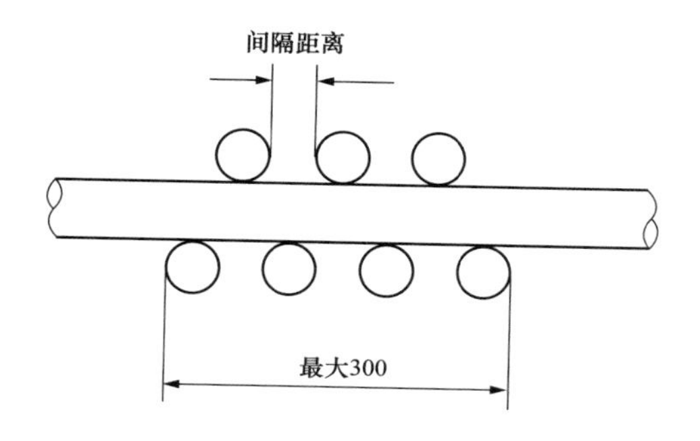

图 1-73　安装在标准钢梯两侧的电缆典型排列和间隔（A F/R 类）（单位：mm）

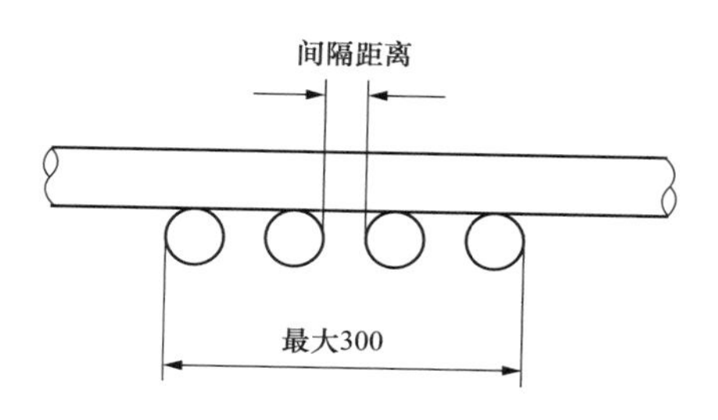

图 1-74　间隔安装在标准钢梯两侧的电缆（单位：mm）

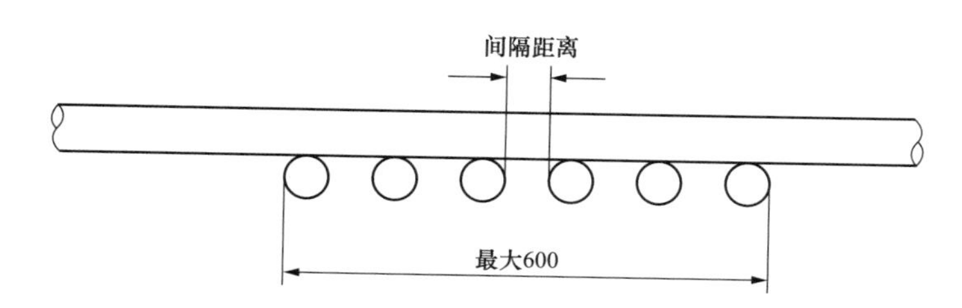

图 1-75　间隔安装在款型钢梯两侧的电缆（单位：mm）

（3）阻燃 B 级参考（仅用标准型钢梯）安装如图 1-74、图 1-76 所示。

（4）阻燃 C 级参考（仅用标准型钢梯）安装如图 1-74、图 1-76 所示。

（5）阻燃 D 级参考（仅适用外径不超过 12mm 的小电缆或截面积不超过 $35mm^2$ 的电缆，且只用标准型钢梯）安装如图 1-76 所示。

2. 试验方法

（1）试样依据 GB/T 18380.32～36—2008 中 5.1 的规定：

试样应由若干根等长的电缆试样段组成，每根电缆试样段的最小长度为 3.5m。

电缆试样段的总根数应使总体积中试样所含非金属材料为（阻燃 A、AF/R 级 7.0、B 级 3.5、C 级 1.5、D 级 0.5）L/m。

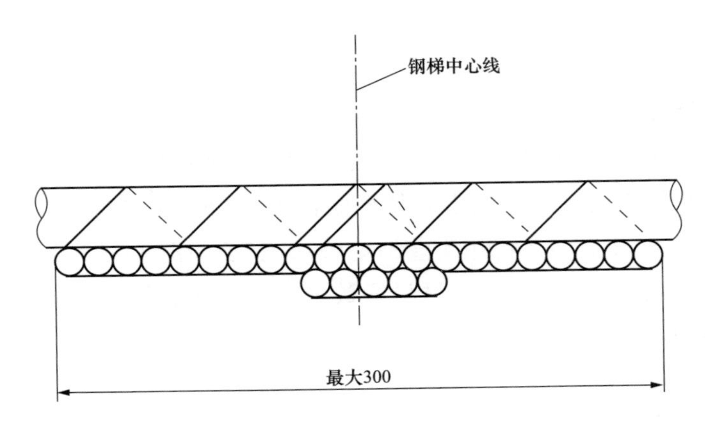

图 1-76　接触安装在标准钢梯前面的电缆（相互接触的电缆试样段组）（单位：mm）

试验前作为试样的电缆试样段应在（20±10）℃下放置至少 16h。电缆试样段应是干燥的。

（2）电缆试样段数量的确定（阻燃 A、B、C、D 级至少两根样段，阻燃 AF/R 级至少四根样段）依据 GB/T 18380.32～36—2008 中 5.2 的规定：为计算电缆试样段的数量，应确定一根电缆试样段每米所含非金属材料的体积。

小心截取一根不少于 0.3m 的电缆段，其截面与电缆轴线成直角以便能精确测量其长度。每种非金属材料（包括发泡材料）的密度应采用适当方法测量，如 GB/T 2951.13—2008 中规定的方法，测得的数据修约到小数点后第 2 位。从电缆段上剥下每一种非金属材料 C_i 并称重。任何小于非金属材料总质量 5%的材料应假定其密度为 1kg/dm³。如果半导电屏蔽不能从绝缘材料上剥离，可以视为一体测量质量和密度。

每种非金属材料 C_i 的体积 V_i（L/m 电缆）按下式计算

$$V_i = \frac{M_i}{\rho_i \times l} \tag{1-16}$$

式中　M_i——材料 C_i 的质量，kg；

ρ_i——材料 C_i 的密度，kg/dm³；

l——电缆试样段的长度，m。

每米电缆所含非金属材料的总体积 V 等于各种非金属材料体积 V_1、V_2 等的总和。将规定的每米体积除以每米电缆非金属材料的总体积 V 得到需要安装的电缆试样段根数，取最接近的整数（0.5 及以上进位至 1）。

注：密度测量依据 GB/T 2951.13—2008 有悬浮法（通用方法）、比重瓶法（基准方法）、表观质量方法，比如表观质量方法如下：

1）试验设备。

本方法使用的试验设备包括：①精度为 0.1mg，适于测量悬挂样品的分析天平；液体浴；②试液：去离子水（或蒸馏水）或 96%的酒精。

2）取样和试件制备。

从绝缘和护套上切取试件，试件重量不应小于1g，不大于5g。然后将绝缘和护套试件切成一块或几小块；管状绝缘和护套试件应纵向切成两部分或几部分以免产生气泡。

3）预处理。

试件应保存在（23±2）℃温度下。

4）步骤。

首先将试件在空气中称重。再将试件固定在合适的吊钩上，将带有试件的吊钩悬挂在天平上，随后将试件浸入（23±5）℃蒸馏水或去离子水中（如果密度小于1g/mL，用96%的酒精试液）称得试件的表观质量。应注意称重前将试件全部浸入试液，避免在试件表面产生气泡。必要时可用少量的表面活性剂以消除试件表面的气泡。

应对记录的质量进行修正，减去空吊钩浸入试液中的质量。

5）计算。

绝缘和护套的密度（g/mL）可按下式计算：

$$23℃时的密度=\frac{m}{m-m_{\mathrm{a}}} \tag{1-17}$$

式中　m——试样在空气中的质量，g；

m_{a}——试样在水中的表观质量，g。

注：当试液用水时，水的密度设为1.0g/mL。如果用96%的酒精试液，则m_{a}的质量要用酒精的密度（23℃时为0.7988g/mL）来修正。

样品数量的确定也可以参考GB/T 18380.32～36—2008中的附录C提供的简易计算方法。

试样根数根据试样的几何尺寸用下式计算确定

$$n=\frac{1000V}{S-S_n} \tag{1-18}$$

式中　n——试样根数（根），取最接近的整数（0.5及以上进位至1）；

V——按试验类别确定的每米非金属材料的总体积为（阻燃AF/R级7.0、A级7.0、B级3.5、C级1.5、D级0.5）L/m；

S——根试样横截面的总面积，mm^2；

S_n——根试样横截面中的金属材料的总面积，mm^2。

（3）试样安装（可以参考图1-73、图1-76）依据GB/T 18380.32～36—2008中5.3的规定：对于至少有一根导体截面超过$35mm^2$的电缆（适用于阻燃A、AF/R、B、C级），每个电缆试样段应使用金属线（钢线或铜线）分别固定在钢梯的各个横档上。样品直径50mm及以下的电缆采用直径0.5～1.0mm的金属线，直径50mm以上的电缆使用直径1.0～1.5mm的金属线。

电缆试样段应呈单层安装在钢梯前面，电缆试样段间的间隔应为0.5倍电缆直径，但不超过 20mm。无论采用标准钢梯还是宽型钢梯，试样边缘与钢梯内侧垂面的最小距离应为 50mm（见图 1-74、图 1-75）。如果是阻燃 AF/R 级应使用标准钢梯，试样应至少包括 4 根电缆试样段，至少两根电缆试样段应安装在钢梯后面，试样需要 4 个以上电缆试样段时，相继安装的电缆试样段应交替安装在钢梯的前面和后面（见图 1-73）。

标准钢梯上试样的最大宽度应为 300mm，宽型钢梯（仅用于阻燃 A 级样品）上试样的最大宽度应为 600mm。

安装电缆试样段时，第一个电缆试样段应大致位于钢梯中心，其后的电缆试样段在两侧添加，以使全部电缆试样段大致排列在钢梯的中心。

对于所有导体截面不超过 35mm^2 的电缆（用于阻燃 A、B、C、D 级），电缆试样段应分别或成组的采用直径 0.5～1.0mm 的金属线钢线或铜线固定在钢梯的各个横档上。

电缆试样段应呈相互接触的一层或多层安装在标准钢梯前面，试样的最大宽度应为 300mm。试样边缘与钢梯内侧垂面的最小距离应为 50mm。

安装电缆试样段时，第一个电缆试样段（组）应大致位于钢梯中心，其后的电缆试样段（组）在两侧添加，以使全部电缆试样段大致排列在钢梯的中心。

如果第一（或其后）层用完了钢梯的全部宽度，还需要使用第二（或更多）层，第二（或其后）层的第一个电缆试样段（组）应大致位于钢梯中心，其后的电缆试样段（组）在两侧添加，以使第二（或其后）层全部电缆试样段大致排列在钢梯的中心。

如果试样需要使用大量的电缆试样段，可以采用规定的金属线构成平坦的电缆试样段组安装在钢梯横档上，每个电缆试样段组最大宽度为 5 个电缆试样段。为保证一致性，推荐将相邻的电缆试样段组紧贴在一起固定在每根横档上，以确保电缆试样段相互接触，（见图 1-76）。

（4）供火时间（阻燃 A、AF/R、B 级 40min，阻燃 C、D 级 20min）。供火时间应为 40 或 20min（供火时间根据阻燃类别选择），此后应熄灭火焰。通过试验箱的空气流量应维持到电缆停止燃烧或发光，或者维持到最长 1h，此后应强行熄灭电缆的燃烧或发光。供火流量参考 GB/T 18380.31—2008 中 6.1 的规定，空气（77±4.8）L/min 丙烷（13.5±0.5）L/min。

（5）所有燃烧停止后，打开排烟系统，清理烟尘和散热。

（6）试验结果评价依据 GB/T 18380.32～35—2008 中第 6 章的规定：当试验箱体中烟尘散尽和温度恢复常温后，应将试样擦干净。擦干净后，如果原表面未损坏，所有烟灰都可忽略不计。非金属材料软化或任何变形也忽略不计。火焰蔓延应通过损坏范围来测定，损坏范围为喷灯底边到炭化部分起始点间的距离，单位为 m，精确到 2 位小数。通过以下方法确定炭化部分的起始点：用锋利的物体，例如小刀的刀刃按压电缆表面，如果弹性表面在某点变为脆性（粉化）表面，则表明该点即是炭化部分起始点。

（7）及时记录试验结果和试验环境，并做好登记。

四、注意事项

（1）整个试验结束后，关闭气瓶，做好尾气处理后再关设备。

（2）试验开始前一定要做气路检查，防止燃气泄漏而引起的安全危害。

（3）做试验时应采取保护措施来预防操作人员免遭下述危害：①火灾或爆炸危险；②烟雾和/或有毒产物的吸入，尤其是燃烧含卤材料时；③有毒残渣。

（4）设备要经常保养，尤其是喷灯要经常擦洗。

（5）要定期做火焰强度的检定。

注：依据 JB/T 4278.15—2011 中 3.8 的火焰强度要求：将铜块放置在喷灯口前，在水平方向上，铜块的垂直轴线距离喷灯前缘（80±2）mm；在垂直方向上，铜块的几何中心距离喷灯水平轴线（10±2）mm，在（260±20）s 内应能将测定铜块的温度从（100±2）℃上升到（700±3）℃，如图 1-77 所示。

将测定铜块按 JB/T 4278.15—2011 中的 3.8 的要求放置在喷灯前，点燃喷灯，调节燃气和空气的流量达到试验要求，用秒表测量测定铜块的温度从（100±2）℃上升到（700±3）℃所用的时间，如图 1-77 所示。

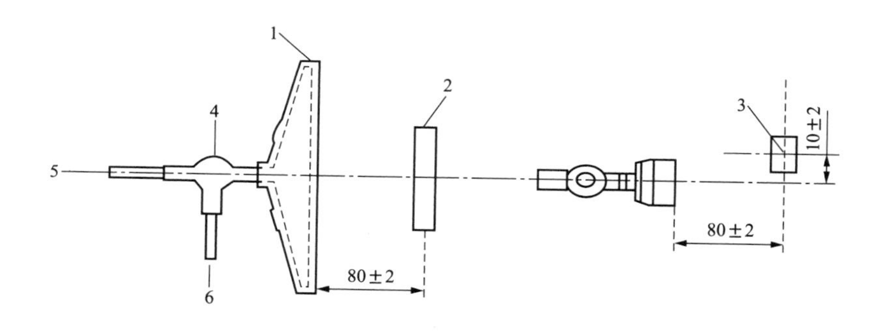

图 1-77　安装方法（单位：mm）

1—喷灯；2—测定铜块；3—铜块几何中心；4—文丘里混合器；5—空气进口；6—喷嘴

五、试验后的检查

（1）检查原始记录信息，如环境温度、空气相对湿度、试验条件、试验数据等。

（2）如果试验样品不合格，把试验后残存样品保存好，照片记录残存样品并用卷尺测量炭化距离的照片。

（3）把燃烧过程的状态照片存好。

六、结果判定

成束燃烧试验结果判定依据如表 1-75 所示。

表 1-75　　成束燃烧试验结果判定依据

试验项目	序号	不合格现象	结果判定依据
垂直安装的成束电线电缆火焰垂直蔓延试验	1	试样炭化范围高于喷灯底边 2.5m	GB/T 18380.32—2008、GB/T 18380.33—2008、GB/T 18380.34—2008、GB/T 18380.35—2008、GB/T 18380.36—2008 中附录 B 中推荐值无论是在钢梯前面还是后面，测得的试样最大炭化范围，都应不高于喷灯底边 2.5m
	2	1）试样上碳化长度超过距喷嘴底边向上 2.5m 2）停止供火后试样上的有焰燃烧时间超过 1h	GB/T 19666—2005 中的 5.1 表 4 规定： （1）试样上碳化长度最大不应超过距喷嘴底边向上 2.5m; （2）停止供火后试样上的有焰燃烧时间不应超过 1h

七、案例分析

1. 案例概况

型号为 ZC-VLV22-0.6/1 3×10+1×6 聚氯乙烯绝缘钢带铠装聚氯乙烯护套阻燃 C 类电力电缆，成束燃烧试验项目不合格。

图 1-78　试验过程

2. 不合格现象描述

根据样品燃烧等级 C 类，设置 20min 供火时间，在供火过程中，此样品燃烧火焰异常旺盛，在供火未到 20min 时间时，已经燃烧到样品顶端，直至样品烧光，试样上炭化长度距喷嘴底边向上 3.0m，超过最大 2.5m 的要求，如图 1-78 所示。

3. 不合格原因分析

阻燃电缆在非金属材料工艺中需要添加阻燃剂或在结构中增加阻燃材质（如加入玻璃丝填充等）来增加它的阻燃效果，如果样品成束燃烧试验不合格，一般是材料本身出了问题和样品结构问题，如阻燃剂添加不够、添加不均匀、阻燃剂阻燃质量不好、结构中缺少阻燃材质、阻燃材质阻燃质量不好等。

第二十八节　绝缘屏蔽的可剥离试验

一、概述

1. 试验目的

绝缘屏蔽的可剥离试验主要考核绝缘屏蔽的剥离力和绝缘屏蔽剥离后绝缘表面情况。剥离力大小和绝缘屏蔽的残留会影响电缆的性能要求。制作电缆接头时需剥离绝缘屏蔽，绝缘屏蔽不残留在绝缘表面上，保障接头安全。

2. 试验依据

GB/T 12706.2—2008《额定电压 1kV（U_m=1.2kV）到 35kV（U_m=40.5kV）挤包绝缘电力电缆及附件　第 2 部分：额定电压 6kV（U_m=7.2kV）到 30kV（U_m=36kV）电缆》中的 19.21

当制造方声明采用的挤包半导电绝缘屏蔽为可剥离型时，应进行本试验。

本试验属型式试验项目。

3. 主要参数及定义

剥离角近似 180°：沿平行于绝缘线芯方向拉开切口。

剥离速度：剥离绝缘屏蔽时的速度。

剥离力：从绝缘试样上剥离绝缘屏蔽时所用的力值。

绝缘表面检查：目测检查绝缘表面情况。

二、试验前准备

1. 试验装备与环境要求

绝缘屏蔽的可剥离试验仪器设备如表 1-76 所示。

表 1-76　　绝缘屏蔽的可剥离试验仪器设备

仪器设备名称	参数及精度要求
钢直尺	0～300mm，精度：0.5mm
拉力试验机	0～1000N，偏差：±1%
屏蔽可剥离刀	分度值：0.1mm
夹具	—

GB/T 12706.2—2008 中的 19.21.1 指出试验应在（20±5）℃温度下进行。对未老化和老化后的试样应连续地记录其剥离力的数值，老化处理条件按照 GB/T 12706.2—2008 中的 19.5.3 进行。

2. 试验前的检查

（1）试验前应对产品外观进行检查，确认在试验前产品的外观完整，无损伤擦伤。

（2）检查设备的计量标贴，确保设备在有效的计量周期内。

三、试验过程

1. 试验原理和接线

当制造方声明采用的挤包半导电绝缘屏蔽为可剥离时，应进行试验。本试验适用于额定电压 6～30kV 电缆及额定电压 35kV 电缆。样品放置如图 1-79 所示。

图 1-79　样品放置图

2. 试验方法

试验应在老化前和老化后的样品上各进行三次，可在三个单独的电缆试样上进行试验，也可在同一个电缆试样上沿圆周方向彼此间隔约120°的三个不同位置上进行。

应从老化前和按GB/T 12706.2—2008中19.5.3的老化后的被试电缆上取下至少250mm的绝缘线芯。

在每一个试样的挤包绝缘屏蔽表面上从试样的一端到另一端向绝缘纵向切割成两道彼此相隔宽（10±1）mm相互平行的深入绝缘的切口。

沿平行于绝缘线芯方向（也就是剥离角近似与180°）拉开长50mm、宽10mm的条形带后，将绝缘线芯垂直地装在拉力机上，用一个夹头夹住绝缘线芯的一端，而10mm的条形带，夹在另一个夹头上，如图1-79所示。

施加使10mm条形带从绝缘分离的拉力，拉开至少100mm长的距离。应在剥离角近似180°和速度为（250±50）mm/min条件下测量拉力。

四、注意事项

（1）绝缘线芯应垂直地安装在拉力机上。

（2）剥离角要近似于180°。

（3）剥离速度应为（250±50）mm/min。

五、试验后的检查

（1）检查原始记录信息，如环境温度、空气相对湿度、试验条件、试验数据等。

（2）从拉力机曲线图上读取平稳段拉力数值。

（3）检查绝缘表面，绝缘表面应无损伤及残留的半导电屏蔽痕迹。

（4）当出现不合格现象时应进行拍照留存，照片中应能明显体现不合格的情况。

六、结果判定

剥离力不应小于4N不大于45N或剥离力不应小于8N不大于40N根据标准要求进行判定剥离力、绝缘表面应无损伤及残留的半导电屏蔽痕迹。绝缘屏蔽的可剥离试验仪器设备标准判定依据如表1-77所示。

表1-77　　绝缘屏蔽的可剥离试验仪器设备标准判定依据

序号	试验项目	不合格现象	结果判定依据
1	绝缘屏蔽的可剥离试验	剥离力小于4N大于45N	剥离力不应小于4N不大于45N
2		剥离力小于8N大于40N	剥离力不应小于8N不大于40N
3		绝缘表面有损伤及残留的半导电屏蔽痕迹	绝缘表面应无损伤及残留的半导电屏蔽痕迹

七、案例分析

1. 案例概况

ZC-YJV22-8.7/15 3×400 的样品进行绝缘屏蔽可剥离试验。

2. 不合格现象描述

ZC-YJV22-8.7/15 3×400 的样品测试结果绝缘表面有残留的半导电屏蔽痕迹。试验结果不符合 GB/T 12706.2—2008 规定要求。

3. 不合格原因分析

生产绝缘屏蔽电缆料时可能未加入硬脂酸和芥酸酰胺或加入量过少。

第二十九节 弯曲试验及随后的局部放电试验

一、概述

1. 试验目的

利用局部放电试验，检测样品电缆经受标准规定弯度后是否存在缺陷，考核试样是否能承受实际安装、敷设和运行时的弯曲应力。

2. 试验依据

GB/T 12706.2—2008《额定电压 1kV（U_m=1.2kV）到 35kV（U_m=40.5kV）挤包绝缘电力电缆及附件　第 2 部分：额定电压 6kV（U_m=7.2kV）到 30kV（U_m=36kV）电缆》

GB/T 12706.3—2008《额定电压 1kV（U_m=1.2kV）到 35kV（U_m=40.5kV）挤包绝缘电力电缆及附件　第 3 部分：额定电压 35kV（U_m=40.5kV）电缆》

GB/T 3048.12—2007《电线电缆电性能试验方法　第 12 部分　局部放电试验》

GB/T 12706.2—2008 和 GB/T 12706.3—2008 是电力电缆产品标准，两个标准中 18.1.3 和 18.1.4 规定了弯曲试验及随后的局部放电试验的技术要求；弯曲试验及随后的局部放电试验属于型式试验

GB/T 3048.12—2007 是利用脉冲电流法（ERA 法）开展电缆局部放电试验的试验方法标准，该标准规定了局部放电试验的术语和定义、试验设备、试样制备、试验程序、注意事项、试验设备的校准和试验记录，该试验方法适用于测量不同长度挤包绝缘电力电缆的局部放电，即在规定电压下和给定灵敏度下测量电缆的放电量或检验放电量是否超过规定值

3. 主要参数及定义

U_0：电缆设计用的导体对地或金属屏蔽之间的额定工频电压。

局部放电：导体间绝缘介质内部所发生的局部击穿的一种放电。该放电可能发生在绝缘内部或邻近导体的地方。

视在电荷：局部放电对于规定的试验回路，在非常短的时间内，如果注入试品两端的电荷量，引起测量仪器的读数，相当于局部放电脉冲引起的读数。这个电荷量就是视在电荷量，通常用皮库（pC）表示。

局部放电检测仪：经校准后可以测量视在电荷量 q 的仪器装置，它由测量阻抗一定带宽的放大器及指示装置等组成指示装置中，示波器通常是不可缺少的。

校准脉冲发生器：可产生已知电荷的脉冲发生器，它由幅值为 U_x 的脉冲电压发生器串联一个小的已知电容 C（注入电容）构成，此时校准脉冲值等价于一个大小为 q_x 的放电量。

$$q_x = CU_x$$

测量阻抗：是接收试品产生局部放电时的电流脉冲并将其转化为电压脉冲的装置，对于持续时间短的电流脉冲，测量阻抗上的电压脉冲峰值与试品的视在电荷量成正比。

上截止频率 f_2 及下截止频率 f_1：在该频率下，对一个恒定的正弦输入电压的响应下降到一定程度。

耦合电容器：耦合电容器是将试品局部放电产生的电流脉冲耦合至测量阻抗的电容器以提高检测灵敏度，其自身局部放电在试验电压下应足够小，残余电感小且谐振频率不应小于 $3f_2$。

背景噪声水平：是局部放电试验中检测到的不是由试品产生的信号。它包括测试系统中的白噪声、广播电波或其他的连续或脉冲信号。

灵敏度：该灵敏度是试验回路灵敏度，指存在背景干扰条件下，仪器能检出的最小放电量。灵敏度为背景噪声水平的 2 倍。

二、试验前准备

1. 试验装备与环境要求

弯曲试验及随后的局部放电试验仪器设备见表 1-78。

表 1-78　　弯曲试验及随后的局部放电试验仪器设备

仪器设备名称	参数及精度要求
无局部放电工频高压电源（包含高电压测量装置）	（1）输出高电压频率 49～61Hz； （2）试验电压波形应近视正弦波，正半波与负半波峰值的幅值差应小于 2%； （3）峰值与有效值之比为 $\sqrt{2}\pm0.05$； （4）高电压测量扩展不确定度不大于 3%
局部放电检测系统（包含检测仪器、滤波器、耦合电容器和测量阻抗）	（1）上、下截止频率与标称值的误差不大于 10%； （2）在局部放电仪的正常工作区间内，在其指示的有效范围中的最大非线性误差不大于±10%； （3）局部放电仪对幅值相等、极性相反的两个注入校准脉冲的脉冲响应值的误差不大于±10%； （4）局部放电仪放大器增益换挡开关的相邻两挡间的增益差的实测值与其标称值的误差不大于±10%； （5）对于相同幅值的注入脉冲，当脉冲重复率从 1000Hz 减至 25Hz 时，其脉冲响应的变化不大于±10%；

续表

仪器设备名称	参数及精度要求
局部放电检测系统（包含检测仪器、滤波器、耦合电容器和测量阻抗）	（6）应在有关技术文件中列出脉冲分辨时间及对应的测试频带，除非是窄带仪器，脉冲分辨时间不大于 100μs，局部放电仪应列出最小及最大的脉冲分辨时间； （7）系统示波器扫描基线推荐采用椭圆或正弦波显示，应给出椭圆扫描的旋转方向。椭圆扫描应能显示标志试验电压过零点或峰值的信号； （8）系统检测灵敏度应为 5pC 或更优； （9）系统检测的线性度误差不大于 10%
脉冲校准器	1）注入电荷误差-30%～+10%； 2）脉冲上升时间不大于 0.1μs，其波尾不小于 100μs； 3）校准脉冲的重复频率小于 5kHz
试验终端	在试验电压下不产生局部放电

2. 试验前的检查

（1）检查样品型号规格，确认样品无误。

（2）检查样品外观，确认样品外观是否完好。

（3）确定弯曲试验用盘具外径；依据 GB/T 2951.11—2007 中 8.3 的规定测量样品外径 D，利用游标卡尺测量样品导体外径 d，依据 GB/T 12706.2—2008 和 GB/T 12706.3—2008 中 18.1.3 的要求或其他技术要求计算以获得弯曲盘外径。

（4）检查高压电源和局部放电系统功能和接地系统的连接是否完好。

（5）检查高压试验场地警示装置是否完好，门连锁装置功能是否正常。

三、试验过程

1. 试验原理和接线

局部放电试验接线原理图如图 1-80 所示。

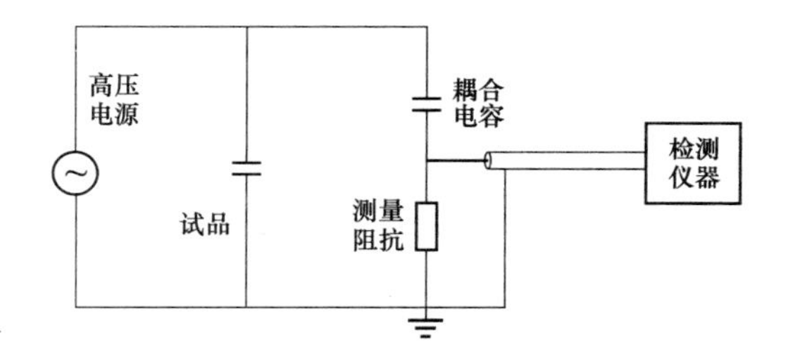

图 1-80 局部放电试验接线原理图

2. 试验方法

（1）弯曲试验。弯曲试验依据 GB/T 12706.2—2008 和 GB/T 12706.3—2008 中 18.1.3 的要求开展。在室温下试样应围绕试验圆柱体（例如线盘的筒体）至少绕一整圈，然后松开展直，再在相反方向上重复此过程。GB/T 12706.2—2008 和 GB/T 12706.3—2008 中规定此操作循环应进行三次。

（2）局部放电试验。

1）根据各自试验终端的要求制备试样；

2）布置试样；

3）安装试验终端；

4）将试样金属屏蔽接地，将高压输出与试样导体连接；

5）校准系统并确保背景噪声水平不大于 2.5pC；记录背景噪声水平值；

6）根据标准要求的流程，对试样施加电压。

四、注意事项

（1）电缆终端的局部放电影响电缆本体局部放电测量准确度时，可采取任何合适方法加以消除。

（2）试验过程中，升压过程应缓慢，并采用阶梯式的升压方式；升压过程中应实时观察局放检测仪器上显示的试样局部放电情况。如出现异常放电，应停止试验排除干扰。

（3）绝缘的局部放电通常对称出现在示波器椭圆图的第一和第三现象；特征谱图可以参考 DL/T 416—2006 中附录 A。

（4）局部放电试验推荐在全屏蔽试验室开展。

五、试验后的检查

（1）检查原始记录信息，如环境温度、空气相对湿度、试验条件、试验数据等；

（2）当出现不合格现象时，应保留局放检测仪器的放电图谱。

六、结果判定

弯曲试验及随后的局部放电试验结果判定依据如表 1-79 所示。

表 1-79　　弯曲试验及随后的局部放电试验结果判定依据

试验项目	不合格现象	结果判定依据
局部放电试验	在规定电压下，出现被试电缆产生的超过声明试验灵敏度的可检测到的放电	在规定的试验电压下，应无任何由被试电缆产生的超过声明试验灵敏度的可检测到的放电

第三十节　tanδ　测　量

一、概述

1. 试验目的

通过检测电缆的绝缘介质损耗水平，来判断其在交流电场下能量的损耗程度。

2. 试验依据

GB/T 3048.11—2007《电线电缆电性能试验方法　第 11 部分：介质损耗角正切试验》

GB/T 12706.2—2008《额定电压 1kV（U_m=1.2kV）到 35kV（U_m=40.5kV）挤包绝缘电力电缆及附件　第 2 部分：额定电压 6kV（U_m=7.2kV）到 30kV（U_m=36kV）电缆》

GB/T 12706.3—2008《额定电压 1kV（U_m=1.2kV）到 35kV（U_m=40.5kV）挤包绝缘电力电缆及附件　第 3 部分：额定电压 35kV（U_m=40.5kV）电缆》

IEC 60502-2:2014《额定电压为 1kV（U_m=1.2kV）到 30kV（U_m=36kV）的挤包绝缘

电力电缆及附件 第2部分：额定电压为6kV（U_m=7.2kV）到30kV（U_m=36kV）的电缆》

GB/T 3048.11—2007规定了介质损耗角正切试验的术语和定义、试验设备、试样制备、试验程序、试验结果及计算注意事项和试验记录。该标准适用于工频交流电压下测量电缆产品的介质损耗角正切（tanδ）值和电容值

GB/T 12706.2—2008和GB/T 12706.3—2008是电力电缆产品标准，两个标准中18.1.5规定了tanδ测量的技术要求；tanδ测量试验属于型式试验

IEC 60502-2:2014中附录G推荐了试品电缆导体温度的测量方法和测温回路的布置方法

3. 主要参数及定义

U_0：电缆设计用的导体对地或金属屏蔽之间的额定工频电压。

tanδ：表征电缆绝缘在交流电场下能量损耗的一个参数，是外施正弦电压与通过试样的电流之间相角的余角正切。

二、试验前准备

1. 试验装备与环境要求

tanδ测量试验仪器设备如表1-80所示。

表1-80　　tanδ测量试验仪器设备

仪器设备名称	参数及精度要求
工频高压电源 （包含高电压测量装置）	（1）输出高电压频率为49～61Hz； （2）试验电压波形应近视正弦波，正半波与负半波峰值的幅值差应小于2%； （3）峰值与有效值之比为$\sqrt{2}\pm0.05$； （4）高电压测量扩展不确定度不大于3%
西林电桥或电流 比较仪式电桥	（1）tanδ测量范围为1×10^{-4}～1.0； （2）tanδ测量准确度为$\pm0.05\%\pm1\times10^{-4}$
标准高压电容器	（1）标准电容器的额定工作电压应大于相应试样所需的最高测试电压； （2）tan$\delta\leqslant1\times10^{-5}$

2. 试验前的检查

（1）检查样品型号规格，确认样品无误。

（2）检查样品外观，确认样品外观是否完好。

（3）检查高压电源和电桥系统功能和接地系统的连接是否完好。

（4）检查高压试验场地警示装置是否完好，门连锁装置功能是否正常。

（5）试样应加热至导体温度超过电缆正常运行时导体最高温度5～10℃，如有其他技术要求，按照相应要求进行。

三、试验过程

1. 试验原理和接线

试验前试品电缆的布置示意图如图1-81所示。tanδ测量试验接线原理图如图1-82所

示，图 1-82 中以电流比较仪电桥为例。

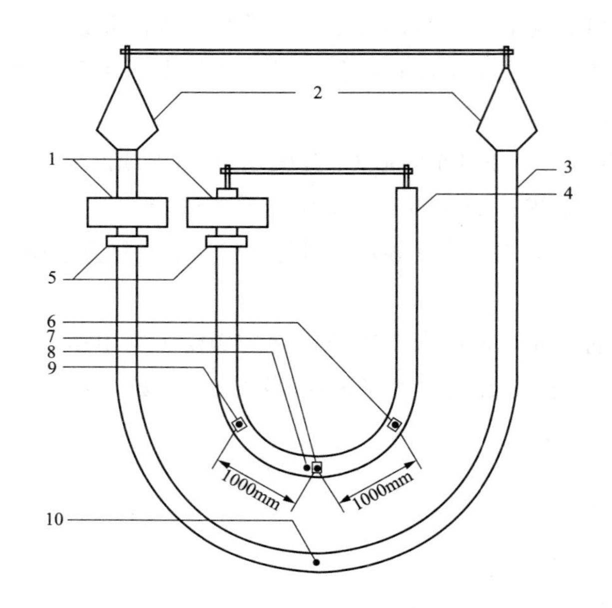

图 1-81　试品电缆的布置示意图

1—穿心变压器；2—试验终端；3—试样电缆；4—模拟测温电缆；5—电缆互感器；
6、7、9—导体测温点；8—模拟测温电缆护套测温点；10—试样电缆护套测温点

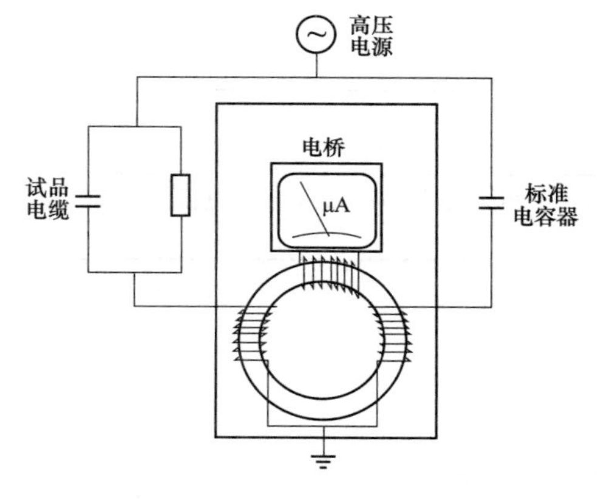

图 1-82　tanδ 测量试验接线原理图

2. 试验方法

（1）制备试样。试样终端部分的长度和终端的制备方法，应能保证在规定的最高测试电压下不发生沿其表面闪络放电或内部击穿；为了提高测量的准确度，可在被测试样的端部开切保护环，并将保护环接地。

（2）连接测试设备和试样。对于单芯电缆，应将导体接高压端，金属套、屏蔽或附件电极；对于多芯电缆，应依次将每一芯接高压端，其他线芯相互连接并接至测量极；测量时还应将多芯电缆的铠装（若有）接至测量系统的保护电极或接地。

（3）测量并读取结果。测量时应从较低值开始将电压缓慢平稳升至规定试验电压值（电压偏差应不超过规定值的±3%），然后进行电桥平衡操作，测量获得试验结果。

注：标准 GB/T 12706.2—2008 和 GB/T 12706.3—2008 要求 tanδ 测量时，试样电缆导体温度应超过电缆正常运行时导体最高温度 5～10℃；加热方式参考 GB/T 12706.2—2008 和 GB/T 12706.3—2008 中 18.1.5 的方法。

四、注意事项

（1）试验区周围应有可靠的安全措施，试验区内应有接地极，试验设备、测量系统的接地端和试样的接地端应与接地极可靠连接。

（2）测量前试样应先经过工频交流耐受电压试验，对试样施加测量 $\tan\delta$ 所需的最高测试电压有效值，试样不应有任何异常现象。

（3）标准电容器和试样与测量仪器之间的连接线，应采用满足测量仪器要求的相同规格和长度的屏蔽电缆。

五、试验后的检查

（1）检查原始记录信息，如环境温度、空气相对湿度、试验条件、试验数据等。

（2）当出现不合格现象时，确认测试结果。

六、结果判定

$\tan\delta$ 测量试验结果判定依据如表 1-81 所示。

表 1-81　　$\tan\delta$ 测量试验结果判定依据

试验项目	不合格现象	结果判定依据
$\tan\delta$ 测量	超过标准或技术要求的规定值	标准或技术要求规定值

第三十一节　热循环试验及随后的局部放电试验

一、概述

1. 试验目的

考核试验样品经过热循环试验的老化后，通过局部放电试验考核样品绝缘的质量。

2. 试验依据

GB/T 3048.12—2007《电线电缆电性能试验方法　第 12 部分：局部放电试验》

GB/T 12706.2—2008《额定电压 1kV（U_m=1.2kV）到 35kV（U_m=40.5kV）挤包绝缘电力电缆及附件　第 2 部分：额定电压 6kV（U_m=7.2kV）到 30kV（U_m=36kV）电缆》

GB/T 12706.3—2008《额定电压 1kV（U_m=1.2kV）到 35kV（U_m=40.5kV）挤包绝缘电力电缆及附件　第 3 部分：额定电压 35kV（U_m=40.5kV）电缆》

IEC 60502-2:2014《额定电压为 1kV（U_m=1.2kV）到 30kV（U_m=36kV）的挤包绝缘电力电缆及附件　第 2 部分：额定电压为 6kV（U_m=7.2kV）到 30kV（U_m=36kV）的电缆》

GB/T 3048.12—2007 是利用脉冲电流法（ERA 法）开展电缆局部放电试验的试验方法标准，该标准规定了局部放电试验的术语和定义、试验设备、试样制备、试验程序、注意事项、试验设备的校准和试验记录，该试验方法适用于测量不同长度挤包绝缘电力电缆的局部放电，即在规定电压下和给定灵敏度下测量电缆的放电量或检验放电量是否超过规定值

GB/T 12706.2—2008 和 GB/T 12706.3—2008 是电力电缆产品标准，两个标准中 18.1.4 和 18.1.6 规定了热循环试验及随后的局部放电试验的技术要求；热循环试验及随后的局部放电试验属于型式试验

IEC 60502-2:2014 中附录 G 推荐了试品电缆导体温度的测量方法和测温回路的布置方法

3. 主要参数及定义

U_0：电缆设计用的导体对地或金属屏蔽之间的额定工频电压。

局部放电：导体间绝缘介质内部所发生的局部击穿的一种放电。该放电可能发生在绝缘内部或邻近导体的地方。

视在电荷：局部放电对于规定的试验回路，在非常短的时间内，如果注入试品两端的电荷量，引起测量仪器的读数，相当于局部放电脉冲引起的读数。这个电荷量就是视在电荷量，通常用皮库（pC）表示。

局部放电检测仪：经校准后可以测量视在电荷量 q 的仪器装置，它由测量阻抗一定带宽的放大器及指示装置等组成指示装置中，示波器通常是不可缺少的。

校准脉冲发生器：可产生已知电荷的脉冲发生器，它由幅值为 U_x 的脉冲电压发生器串联一个小的已知电容 C（注入电容）构成，此时校准脉冲值等价于一个大小为 q_x 的放电量。

$$q_x = CU_x \tag{1-19}$$

测量阻抗：是接收试品产生局部放电时的电流脉冲并将其转化为电压脉冲的装置，对于持续时间短的电流脉冲，测量阻抗上的电压脉冲峰值与试品的视在电荷量成正比。

上截止频率 f_2 及下截止频率 f_1：在该频率下，对一个恒定的正弦输入电压的响应下降到一定程度。

耦合电容器：耦合电容器是将试品局部放电产生的电流脉冲耦合至测量阻抗的电容器以提高检测灵敏度，其自身局部放电在试验电压下应足够小，残余电感小且斜正频率应不小于 $3f_2$。

背景噪声水平：是局部放电试验中检测到的不是由试品产生的信号。它包括测试系统中的白噪声、广播电波或其他的连续或脉冲信号。

灵敏度：该灵敏度是试验回路灵敏度，指存在背景干扰条件下，仪器能检出的最小放电量。灵敏度为背景噪声水平的 2 倍。

二、试验前准备

1. 试验装备与环境要求

热循环试验及随后的局部放电试验仪器（局放仪）设备见表 1-82。

表 1-82　　　热循环试验及随后的局部放电试验仪器（局放仪）设备

仪器设备名称	参数及精度要求
电流互感器	0.5 级
温度记录仪	不大于 1℃
无局部放电工频高压电源（包含高电压测量装置）	（1）输出高电压频率 49～61Hz； （2）试验电压波形应近视正弦波，正半波与负半波峰值的幅值差应小于 2%； （3）峰值与有效值之比为 $\sqrt{2}\pm0.05$； （4）高电压测量扩展不确定度不大于 3%
局部放电检测系统（包含检测仪器、滤波器、耦合电容器和测量阻抗）	（1）上、下截止频率与标称值的误差不大于 10%； （2）在局放仪的正常工作区间内，在其指示的有效范围中的最大非线性误差不大于±10%； （3）局放仪对幅值相等、极性相反的两个注入校准脉冲的脉冲响应值的误差不大于±10%； （4）局放仪放大器增益换挡开关的相邻两挡间的增益差的实测值与其标称值的误差不大于±10%； （5）对于相同幅值的注入脉冲，当脉冲重复率从 1000Hz 减至 25Hz 时，其脉冲响应的变化不大于±10%； （6）应在有关技术文件中列出脉冲分辨时间及对应的测试频带，除非是窄带仪器，脉冲分辨时间不大于 100μs，局放仪应列出最小及最大的脉冲分辨时间； （7）系统示波器扫描基线推荐采用椭圆或正弦波显示，应给出椭圆扫描的旋转方向。椭圆扫描应能显示标志试验电压过零点或峰值的信号； （8）系统检测灵敏度应为 5pC 或更优； （9）系统检测的线性度误差不大于 10%
脉冲校准器	（1）注入电荷误差-30%～+10%； （2）脉冲上升时间不大于 0.1μs，其波尾不小于 100μs； （3）校准脉冲的重复频率小于 5kHz
试验终端	在试验电压下不产生局部放电

2. 试验前的检查

（1）检查样品型号规格，确认样品无误。

（2）检查样品外观，确认样品外观是否完好。

（3）确定弯曲试验用盘具外径；依据 GB/T 2951.11—2007 中 8.3 的规定测量样品外径 D，利用游标卡尺测量样品导体外径 d，依据 GB/T 12706.2—2008 和 GB/T 12706.3—2008 中 18.1.3 的要求或其他技术要求计算以获得弯曲盘外径。

（4）检查高压电源和局部放电系统功能和接地系统的连接是否完好。

（5）检查高压试验场地警示装置是否完好，门连锁装置功能是否正常。

三、试验过程

1. 试验原理和接线

热循环试验试品电缆的布置示意图如图 1-81 所示。如果试验过程中不要求对绝缘施加高电压，条件允许的情况下建议将试品回路与参考回路串联进行试验。

局部放电试验接线原理图如图 1-80 所示。

2. 试验方法

（1）弯曲试验。弯曲试验依据 GB/T 12706.2—2008 和 GB/T 12706.3—2008 中 18.1.3 的要求开展。在室温下试样应围绕试验圆柱体（例如线盘的筒体）至少绕一整圈，然后松开展直，再在相反方向上重复此过程。GB/T 12706.2—2008 和 GB/T 12706.3—2008 中规定此操作循环应进行三次。

（2）局部放电试验。

1）根据各自试验终端的要求制备试样。

2）布置试样。

3）安装试验终端。

4）将试样金属屏蔽接地，将高压输出与试样导体连接。

5）校准系统并确保背景噪声水平不大于 2.5pC；记录背景噪声水平值。

6）根据标准要求的流程，对试样施加电压。

四、注意事项

（1）电缆终端的局部放电影响电缆本体局部放电测量准确度时，可采取任何合适方法加以消除。

（2）试验过程中，升压过程应缓慢，并采用阶梯式的升压方式；升压过程中应实时观察局放检测仪器上显示的试样局放情况。如出现异常放电，应停止试验排除干扰。

（3）绝缘的局部放电通常对称出现在示波器椭圆图的第一和第三现象；特征谱图可以参考 DL/T 416—2006 中附录 A。

（4）局部放电试验推荐在全屏蔽试验室开展。

五、试验后的检查

（1）检查原始记录信息，如环境温度、空气相对湿度、试验条件、试验数据等。

（2）当出现不合格现象时，应保留局放检测仪器的放电图谱图像。

六、结果判定

热循环试验及随后的局部放电试验结果判定依据如表 1-83 所示。

表 1-83　热循环试验及随后的局部放电试验结果判定依据

试验项目	不合格现象	结果判定依据
局部放电试验	在规定电压下，出现被试电缆产生的超过声明试验灵敏度的可检测到的放电	根据该次试验的灵敏度判断

第三十二节　冲击电压试验及随后的工频电压试验

一、概述

1. 试验目的

考核试验样品导体温度高于运行温度 5～10℃条件下，耐受标准规定雷电冲击电压的能力。

2. 试验依据

GB/T 3048.8—2007《电线电缆电性能试验方法　第 8 部分：交流电压试验》

GB/T 3048.13—2007《电线电缆电性能试验方法　第 13 部分：冲击电压试验》

GB/T 12706.2—2008《额定电压 1kV（U_m=1.2kV）到 35kV（U_m=40.5kV）挤包绝缘电力电缆及附件　第 2 部分：额定电压 6kV（U_m=7.2kV）到 30kV（U_m=36kV）电缆》

GB/T 12706.3—2008《额定电压 1kV（U_m=1.2kV）到 35kV（U_m=40.5kV）挤包绝缘电力电缆及附件　第 3 部分：额定电压 35kV（U_m=40.5kV）电缆》

IEC 60502-2:2014《额定电压为 1kV（U_m=1.2kV）到 30kV（U_m=36kV）的挤包绝缘电力电缆及附件　第 2 部分：额定电压为 6kV（U_m=7.2kV）到 30kV（U_m=36kV）的电缆》

GB/T 3048.8—2007 适用于电线电缆产品耐受交流电压试验，该标准规定了交流电压试验的术语和定义、试验设备、试样制备、试验程序、试验结果及评定、注意事项和试验记录

GB/T 3048.13—2007 适用于最高额定电压为 1kV 及以上的各种类型电力电缆及其附件的冲击电压试验。该标准规定了有关电缆及其附件冲击电压试验的术语和定义、试验设备、试样制备、试验程序、试验结果及评定、注意事项和试验记录

GB/T 12706.2—2008 和 GB/T 12706.3—2008 是电力电缆产品标准，两个标准中 18.1.7 规定了冲击电压试验及随后的工频电压试验的技术要求；冲击电压试验及随后的工频电压试验属于型式试验

IEC 60502-2:2014 中附录 G 推荐了试品电缆导体温度的测量方法和测温回路的布置方法

3. 主要参数及定义

U_0：电缆设计用的导体对地或金属屏蔽之间的额定工频电压。

雷电冲击电压试验的试验电压值：对于平滑的雷电冲击波试验电压值是指冲击电压波的峰值。对于某些试验回路，在冲击电压波的峰值处可能会有振荡或过冲（对峰值附近的过冲或振荡，只有当其单个波峰的幅值不超过峰值的 5%才是允许的）。如果这种振荡的频率不小于 0.5MHz 或过充的持续时间不大于 1μs，应作平均曲线。测量时可取这条平均曲

线的最大幅值作为试验电压的峰值。

过冲：冲击电压的峰值处，因回路引起的阻力振荡而导致的幅值的增加。这种振荡是由回路电感引起的，而且有时无法避免，特别是大尺寸回路或感性试品。

峰值时间：极限值除以平均上升率后得到的时间。

半峰值时间：视在参数，定义为从视在原点到试验电压曲线下降到试验电压值一半时刻之间的时间间隔。

注：以上参数的定义以及涉及的相关专业术语参考 GB/T 16927.1—2013 和 GB/T 3048.13—2007。

二、试验前准备

1. 试验装备与环境要求

冲击电压试验及随后的工频电压试验仪器设备如表 1-84 所示。

表 1-84　冲击电压试验及随后的工频电压试验仪器设备

仪器设备名称	参数及精度要求
电流互感器	0.5 级
温度记录仪	不大于 1℃
工频高压电源 （包含高电压测量装置）	（1）输出高电压频率为 49～61Hz； （2）试验电压波形应近视正弦波，正半波与负半波峰值的幅值差应小于 2%； （3）峰值与有效值之比为 $\sqrt{2}\pm0.05$； （4）高电压测量扩展不确定度不大于 3
冲击电压发生器	（1）要求冲击分压器实际分压比与额定分压比的偏差不应大于±1%； （2）测量冲击波峰值的总不确定度为±3%范围内； （3）测量冲击波形时间参数的总不确定度为正负 10%范围内； （4）要求设备的冲击分压器响应时间不大于 100ns； （5）峰值时间：1～5μs；半峰值时间 40～60μs

2. 试验前的检查

（1）检查样品型号规格，确认样品无误。

（2）检查样品外观，确认样品外观是否完好。

（3）检查高压电源和电桥系统功能和接地系统的连接是否完好。

（4）检查高压试验场地警示装置是否完好，门连锁装置功能是否正常。

（5）试样应加热至导体温度超过电缆正常运行时导体最高温度 5～10℃，如有其他技术要求，按照相应要求进行。

三、试验过程

1. 试验原理和接线

冲击电压试验前试品电缆的布置示意图如图 1-83 所示。

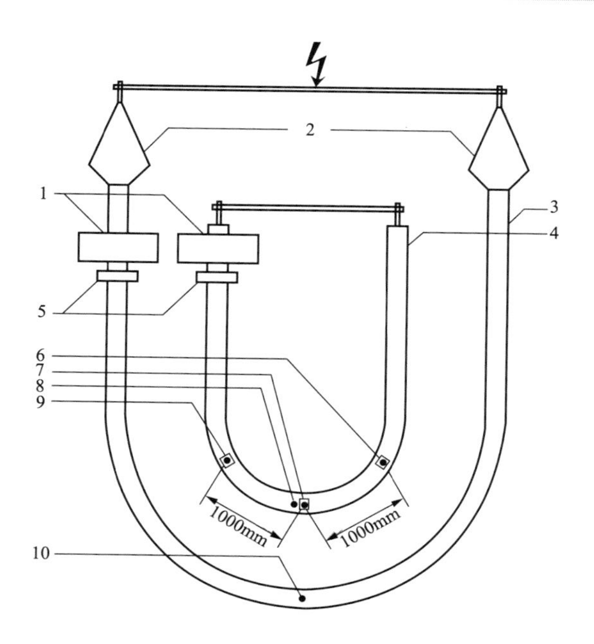

图 1-83　试品电缆的布置示意图

1—穿心变压器；2—试验终端；3—试样电缆；4—模拟测温电缆；5—电缆互感器；
6、7、9—导体测温点；8—模拟测温电缆护套测温点；10—试样电缆护套测温点

2. 试验方法

（1）根据各自试验终端的要求制备试样；应保证试验电压下不发生沿表面的闪络放电或内部击穿。

（2）布置试验试样回路。

（3）安装试验终端。

（4）将试样金属屏蔽接地，将高压输出与试样导体连接。

（5）冲击电压发生器的校准。具体参见 GB/T 3048.13—2007 中的 6.2。

（6）根据标准要求，对试样施加冲击电压。冲击峰值与标准要求值偏差控制在±3%以内，峰值时间 1～5μs，半峰值时间 40～60μs，至少分别保存正负极性第 1 次和第 10 次冲击电压示波图。示波图的波形畸变或呈现截波，一般可认为试品击穿或终端头闪络放电。

（7）冲击电压试验后，绝缘如未击穿，电缆试样的每一绝缘线芯应在室温下进行工频电压试验 15min。试验电压应满足标准规定，要求绝缘并不发生击穿。

注：GB/T 12706.2—2008 和 GB/T 12706.3—2008 要求 tanδ 测量时，试样电缆导体温度应超过电缆正常运行时导体最高温度 5～10℃；加热方式参考 GB/T 12706.2—2008 和 GB/T 12706.3—2008 中 18.1.6 的方法。

四、注意事项

（1）冲击电压发生器应具有快速过电流保护装置，以保证当试验设备内部击穿时能迅

速切断试验电源。

（2）充气电压发生器、测量系统和试样的高压端与周围接地体之间应保持足够的安全距离，以防止产生空气放电，试验区域周围应有可靠的安全措施。如金属接地栅栏，信号指示灯、或安全警示标志。

（3）试验区域地坪下应有单独接地电极和与其连成一整体的接地网，其接地电阻一般应小于 0.5Ω，冲击电压发生器测量系统和试品的接地端以及穿心式感应加热变压器的接地端均应与接地网可靠连接。

（4）为了防止试验过程中对地放电或击穿所产生的暂态高电压损及电源系统，一般要求在冲击电压试验区域内所有的供电电源应有单独的绝缘隔离变压器供电。

五、试验后的检查

（1）检查原始记录信息，如环境温度、空气相对湿度、试验条件、试验数据等。

（2）当出现不合格现象时，确认测试结果。

六、结果判定

冲击电压试验及随后的工频电压试验结果判定依据见表 1-85。

表 1-85　冲击电压试验及随后的工频电压试验结果判定依据

试验项目	不合格现象	结果判定依据
冲击电压试验及随后的工频电压试验	绝缘击穿	绝缘应不能击穿

第二章　复合材料芯架空导线

复合材料芯架空导线是由铝（或铝合金）线与纤维增强树脂基复合材料芯棒同心绞合而成的绞线，具有重量轻、强度高的特点，主要用于架空输电线路。

检测依据标准：

GB/T 1446—2005《纤维增强塑料性能试验方法总则》

GB/T 1463—2005《纤维增强塑料密度和相对密度试验方法》

GB/T 3048.2—2007《电线电缆电性能试验方法　第 2 部分：金属材料电阻率试验》

GB/T 4909.2—2009《裸电线试验方法　第 2 部分：尺寸测量》

GB/T 4909.3—2009《裸电线试验方法　第 3 部分：拉力试验》

GB/T 22567—2008《电气绝缘材料　测定玻璃化转变温度的试验方法》

GB/T 29324—2012《架空导线用纤维增强树脂基复合材料芯棒》

GB/T 29325—2012《架空导线用软铝型线》

GB/T 32502—2016《复合材料芯架空导线》

第一节　软铝型线结构检查

一、概述

1. 试验目的

软铝型线结构检查包括外观项目和尺寸偏差项目，是确定样品的质量状态，是作为样品是否可以进行机械性能试验的一个辅助判断手段。外观项目主要考核单线表面的状况，能反映出导线的生产工艺水平，以及包装、运输、储存过程中的防护水平，外观质量缺陷会影响产品结构耐久性能。尺寸偏差项目主要考核单线的等效直径偏差情况，关系到单线的电阻率、抗张强度和断裂伸长率等主要性能指标，软铝型线等效单线直径达不到要求，很可能导致成品导线的质量下降。以上试验项目属于抽样试验。

2. 试验依据

GB/T 32502—2016《复合材料芯架空导线》

GB/T 29325—2012《架空导线用软铝型线》

GB/T 4909.2—2009《裸电线试验方法　第2部分：尺寸测量》

GB/T 3048.2—2007《电线电缆电性能试验方法　第2部分：金属导体材料电阻率试验》

3. 主要参数及定义

正常视力（normal vision）：正常视力是指1.0/1.0的视力，必要时，可用眼镜校正。

与良好工业产品不相称的任何缺陷（all imperfections not consistent with good commercial practice）：与良好工业产品不相称的任何缺陷是指影响产品性能的缺陷，在表面质量检查中，特指用正常视力能够发现的缺陷情况。比如：油污、发黑、夹杂、色泽不均、表面压痕或划痕等。

型线（formed wire）：具有不变横截面且非圆形的金属线。

等效单线直径（equivalent wire diameter）：与已定相同材料和状态的型线具有相同横截面积、质量及电阻的圆单线的直径。

二、试验前准备

1. 试验装备与环境要求

软铝型线结构检查仪器设备如表2-1所示。

表2-1　软铝型线结构检查仪器设备

仪器设备名称	参数及精度要求
精密天平	重量精度：±0.1%
钢直尺或卷尺	长度精度：1mm

试验时的环境温度一般为10～35℃。目测观察应在视线良好的环境下进行。

2. 试验前的检查

（1）检查软铝型线单线表面是否光洁、确认外观完整，无损坏碰伤。

（2）检查测试仪器设备精度是否符合标准要求，运行状态是否正常，设备是否在校准期内。

三、试验过程

1. 试验原理和接线

（1）外观项目：通过正常视力目测观察检查软铝型线表面状况。

（2）尺寸偏差项目：与已定相同材料和状态的型线具有相同横截面积、质量及电阻的

圆单线的直径。按规定的质量、长度和密度采用称重法测量出单线的截面积，然后通过圆形单线的直径计算公式计算出软铝型线的等效单线直径。

2. 试验方法

（1）外观项目。正常视力目测观察。

（2）尺寸偏差项目：

1）取不少于 1m 长度样品，手工校直，两端做端面处理，使两端平整光滑。

2）使用精度为 1mm 的卷尺或钢直尺测量样品的长度，将样品放在水平桌面上，使卷尺或钢直尺的零刻度处对准样品一端，读取试样另一端所对应的刻度，即为样品长度 L（单位为 mm）；

3）使用精度为±0.1%的天平称取样品质量，天平清零后将试样水平放置于天平托盘上，避免试样接触除托盘外其他任何物品，待天平上显示数值稳定时读取数值，即为样品的质量 M（g）。

4）然后按照测量的长度和质量计算软铝型线截面积 S（mm^2）为

$$S = \frac{M}{L \times \rho} \times 10^3 \tag{2-1}$$

式中 ρ——样品密度，软铝型线 20℃时密度为 2.703kg/dm^3。

5）最后软铝型线等效单线直径 d（单位为 mm）为：

$$d = \sqrt{4S / \pi} \tag{2-2}$$

四、注意事项

（1）注意外观检查避免人为机械损伤引起的误判。

（2）注意外观检查时应保证每处检查到位，没有遗漏的地方。

（3）注意避免试样两端不平齐，造成试样长度测量偏差。

（4）注意避免试样表面有油污、粉尘等，造成试样重量称量不准确。

（5）注意天平应进行试验前校准。

五、试验后的检查

（1）检查原始记录信息，如环境温度、空气相对湿度、试验条件、试验数据等。

（2）检查样品表面出现的缺陷情况，有发黑、压痕等情况拍照留证。

（3）核查计算修约过程和单位换算是否正确。

六、结果判定

软铝型线结构检查结果判定依据如表 2-2 所示。软铝型线标称等效单线直径的偏差如表 2-3 所示。软铝型线等效单线直径标称值如表 2-4 所示。

表 2-2 软铝型线结构检查结果判定依据

序号	试验项目	不合格现象	结果判定依据
1	软铝型线外观质量	表面不光洁，出现与良好工业产品不相称的缺陷（如油污、发黑、夹杂、色泽不均、表面压痕或划痕等）	GB/T 29325—2012 中的第 8 章规定：软铝型线表面应光洁，不得有与良好工业产品不相称的任何缺陷（如油污、发黑、夹杂、色泽不均、表面压痕或划痕等）
2	软铝型线等效单线直径	超出标称值的±2%	GB/T 29325—2012 中规定：软铝型线等效单线直径不大于标称值的±2%（偏差见表 1，标称值见表 2）

表 2-3 软铝型线标称等效单线直径的偏差

标称等效单线直径 d（mm）	偏差
2.00～6.00	±2%d

表 2-4 软铝型线等效单线直径标称值

标称截面积（铝/复合芯）（mm^2）	铝线根数	铝线等效单线直径（mm）	标称截面积（铝/复合芯）（mm^2）	铝线根数	铝线等效单线直径（mm）	标称截面积（铝/复合芯）（mm^2）	铝线根数	铝线等效单线直径（mm）
150/20	15	3.57	400/45	19	5.18	570/70	36	4.49
185/25	16	3.84	400/50	19	5.18	630/45	36	4.72
185/30	16	3.84	450/45	21	5.22	630/55	36	4.72
240/30	16	4.37	450/50	21	5.22	630/65	36	4.72
240/40	16	4.37	450/55	21	5.22	710/55	36	5.01
300/30	16	4.89	500/40	36	4.21	710/70	36	5.01
300/35	16	4.89	500/45	36	4.21	800/65	36	5.32
300/40	16	4.89	500/50	36	4.21	800/80	36	5.32
300/50	16	4.89	500/55	36	4.21	800/95	36	5.32
400/35	19	5.18	500/65	36	4.21			
400/40	19	5.18	570/65	36	4.49			

注 铝线等效单线直径是通过计算公式计算得出。$d=\sqrt{\frac{S\times 4}{\pi\times 根数}}$，其中 S 为铝标称截面积，d 为铝线等效单线直径。

七、案例分析

案例一

1. 案例概况

型号规格为 JLRX1/F1B-400/50 软铝型线等效单线直径，要求最大 5.28mm，最小 5.08mm。

2. 不合格现象描述

测量结果 5.32mm，原样复测结果为 5.32mm，重新取样复测为 5.33mm，判定软铝型线等效单线直径试验项目不合格。

3. 不合格原因分析

（1）生产工艺问题：可能是生产过程中导体拉丝环节以及导体绞合环节未对单线直径进行有效控制。

（2）试验方法问题：出现以上试验结果偏大情况，可能需要核查所取样品是否完全较直，若未较直，样品测量长度会小于实际长度，导致结果偏大。本次试验通过多次复测，可以排除这种可能。

案例二

1. 案例概况

型号规格为 JLRX1/F1B-400/50 软铝型线外观质量检查。

2. 不合格现象描述

软铝型线单线表面发黑，如图 2-1 所示。

图 2-1　软铝型线单线表面情况

3. 不合格原因分析

软铝型线单线表面发生氧化现象。

第二节　复合芯导线结构检查

一、概述

1. 试验目的

复合芯导线结构检查包括表面质量项目、外径项目、节径比项目和绞向项目，能反映出导线的生产工艺水平，以及包装、运输、储存过程中的防护水平，表面质量缺陷会影响产品结构耐久性能，外径和节径比的大小关系到绞线的紧密程度、绞线重量和绞线电阻的大小，绞向未按照相关要求的方向进行绞制会影响绞线的安装敷设。以上试验项目属于抽样试验。

2. 试验依据

GB/T 32502—2016《复合材料芯架空导线》

3. 主要参数及定义

绞向（direction of lay）：一层单线的扭绞方向，即从离开观察者的运动方向。右向为顺时针方向，左向为逆时针方向。另一种定义：右向即当绞线垂直放置时，单线符合英文字母 Z 中的部分的方向；左向即当绞线垂直放置时，单线符合英文字母 S 中间部分的方向。

节距（lay length）：绞线中的一根单线形成一个完成螺旋的轴向长度。

节径比（lay ratio）：绞线中单线的节距与该层的外径之比。

单线（wire）：具有规定圆截面的拉制金属线。

正常视力（normal vision）：正常视力是指 1.0/1.0 的视力，必要时，可用眼镜校正。

与良好的商品不相称的任何缺陷（all imperfections visible not consistent with good commercial practice）：与良好的商品不相称的任何缺陷是指影响产品性能的缺陷，在表面质量检查中，特指用正常视力能够发现的缺陷情况。比如：铝绞线表面划痕，会影响电力传输；表面压痕会影响产品的结构，从而影响电力传输，严重的还会影响到自身的承载。

二、试验前准备

1. 试验装备与环境要求

复合芯导线结构检查仪器设备如表 2-5 所示。

表 2-5　　复合芯导线结构检查仪器设备

仪器设备名称	参数及精度要求
游标卡尺	精度等级：0.01mm
千分尺	精度等级：0.001mm
钢直尺	300mm 和 1000mm，精度等级：1mm

试验时的环境温度一般为 10～35℃。目测观察应在视线良好的环境下进行。

2. 试验前的检查

（1）检查导线表面是否光洁、确认外观完整，无损坏碰伤。

（2）检查测试仪器设备精度是否符合标准要求，运行状态是否正常，设备是否在校准期内。

三、试验过程

1. 试验原理和接线

节径比：绞线中单线的节距与该层的外径之比，用游标卡尺测量样品的绕包周长和节距，节径比=节距×π/周长。

2. 试验方法

（1）表面质量。正常视力目测观察。

（2）外径。导线外径应在绞线机上的并线模与牵引轮之间测量或模拟相似条件下测量，

测量应使用可读到 0.01mm 的量具，外径应取在同一圆周上互成直角的位置上的两个读数的平均值，并修约到两位小数（单位：mm）。

（3）节径比。截取 1～2m 长的试样，试样两端可用扎带或其他工具扎紧，防止试样松散，将试样平放并拉直，用钢直尺沿试样轴向紧靠在试样上，测量（n+1）股的距离（n 为该层股数），即为该层绞线的节距；使用测量带绕包测量该层绞线的周长，然后计算出绞线的外径；节径比=节距/外径，保留到整数位。

（4）绞向。正常视力目测观察。

四、注意事项

（1）千分尺和游标卡尺在使用前要校零。

（2）测量带带宽为 5～10mm，不能太宽。

（3）节径比项目测试时，应保持样品原有的绞合状态，不能发生松散。

五、试验后的检查

（1）检查原始记录信息，如环境温度、空气相对湿度、试验条件、试验数据等。

（2）检查样品表面出现的缺陷情况，有发黑、压痕等情况拍照留证。

六、结果判定

复合芯导线结构检查结果判定依据如表 2-6 所示。

表 2-6　　复合芯导线结构检查结果判定依据

序号	试验项目	不合格现象	结果判定依据
1	表观质量	样品表面有影响产品性能的划痕、压痕等	GB/T 32502—2016 中 5.3 章的规定：表面不应有肉眼（或正常矫正视力）可见的缺陷，例如明显的划痕，压痕等，并不应有与良好的商品不相称的任何缺陷
2	外径	超出偏差值	GB/T 32502—2016 中 6.5.2.2 的规定：大于或等于 10.0mm 时为±1%标称外径
3	节径比	超出偏差要求	外层 10～14 其他绞层 10～16 对于有多层的绞线，任何层的节径比应不大于其相邻内层的节径比
4	绞向	最外层左向	最外层绞向为右向，相邻层绞向相反

七、案例分析

案例

1. 案例概况

型号为 JLRX1/F1B-400/50 的碳纤维复合材料芯导线的绞合导线性能中外层节径比大于内层节径比。

2. 不合格现象描述

试验过程：经过检测内层节径比为13，外层节径比为14，已分别满足各层指标，但是任何层的节径比不应大于相邻内层的节径比。将外层和内层节径比重新取样测试，结果复现，同时依然出现外层节径比大于内层节径比，检测结果确认。

3. 不合格原因分析

未严格按照工艺开展生产；生产过程中的环节控制未做到位。

第三节　复合芯导线线密度试验

一、概述

1. 试验目的

复合芯导线的线密度试验是考核导线的单位长度质量，在实际敷设过程中是对导线的张力产生重要影响的因素之一。此试验属于抽样试验。

2. 试验依据

GB/T 32502—2016《复合材料芯架空导线》

3. 主要参数及定义

线密度（Linear density）：各种尺寸和绞合结构的导线的单位长度质量。

二、试验前准备

1. 试验装备与环境要求

复合芯导线线密度试验仪器设备如表2-7所示。

表2-7　复合芯导线线密度试验仪器设备

仪器设备名称	参数及精度要求
天平	重量精度±0.1%
钢直尺	长度精度1mm

试验时的环境温度一般为10～35℃。

2. 试验前的检查

（1）检查试样两端是否完整平齐，表面是否有扎带等其他物品。

（2）检查测试仪器设备精度是否符合标准要求，运行状态是否正常，是否在校准期。

三、试验过程

1. 试验原理和接线

试验原理：截取适当长度的试样，样品长度测量如图2-2所示，称其质量，样品质量测量如图 2-3 所示，试样质量除以试样的长度等于试样的线密度。

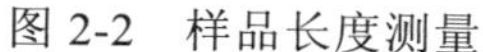

图 2-2　样品长度测量

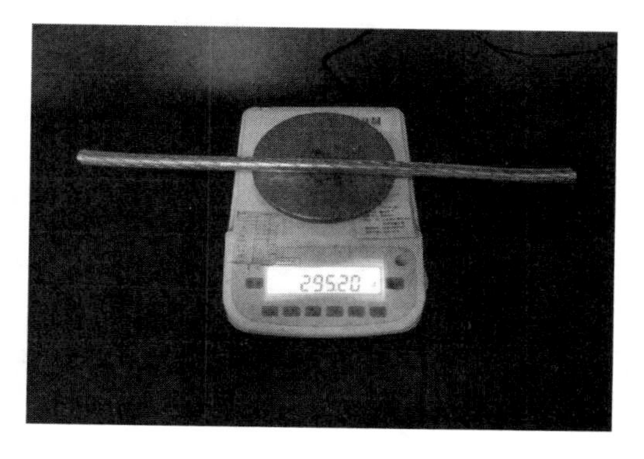

图 2-3　样品质量测量

2．试验方法

（1）截取适当长度的试样，试样两端可用扎带或其他工具扎紧，防止试样松散，截取时保证两端完整平齐。

（2）使用精度为±0.1%的钢直尺测量样品的长度，将样品放在水平桌面上，使钢直尺的零刻度处对准样品一端，读取试样另一端所对应的刻度，即为样品长度 L（m），修约到 4 位小数。

（3）去除试样上的扎带或其他物品，将试样表面的油污、粉尘等擦拭干净。

（4）使用精度为±0.1%的天平称取样品质量，天平清零后将试样水平放置于天平托盘上，避免试样接触除托盘外其他任何物品，待天平上显示数值稳定时读取数值，即为样品的质量 M（kg），修约到 4 位小数。

（5）线密度。

$$\rho=\frac{M}{L}\times10^{3} \tag{2-3}$$

式中　ρ ——线密度，修约到 1 位小数，单位为 kg/km；

M——样品质量，g；

L——样品长度，mm。

四、注意事项

（1）注意避免试样两端不平齐，造成试样长度测量偏差。

（2）注意避免试样表面有油污、粉尘等，造成试样重量称量不准确。

（3）注意天平应进行试验前校准。

五、试验后的检查

（1）检查原始记录信息，如环境温度、空气相对湿度、试验条件、试验数据等。

（2）检查试样外观是否完整无损伤。

（3）核查计算修约过程和单位换算是否正确。

六、结果判定

按照 GB/T 32502—2016 的要求，复合芯导线线密度偏差不应大于表 2-8 列出的标称值的±2%。

表 2-8　复合材料芯软铝型线绞线线密度标称值

标称截面积（铝/复合芯）（mm^2）	线密度（kg/km）	标称截面积（铝/复合芯）（mm^2）	线密度（kg/km）	标称截面积（铝/复合芯）（mm^2）	线密度（kg/km）
150/20	452.8	400/45	1191.2	570/70	1713.3
185/25	557.6	400/50	1203.4	630/45	1825.3
185/30	566.6	450/45	1329.0	630/55	1850.4
240/30	718.2	450/50	1341.2	630/65	1864.2
240/40	738.7	450/55	1354.2	710/55	2071.0
300/30	883.7	500/40	1455.5	710/70	2099.3
300/35	893.5	500/45	1466.9	800/65	2332.9
300/40	904.1	500/50	1479.1	800/80	2362.7
300/50	927.6	500/55	1492.0	800/95	2395.7
400/35	1169.2	500/65	1505.8		
400/40	1179.8	570/65	1698.8		

七、案例分析

案例

1．案例概况

型号规格为 JLRX1/F1B-400/50 线密度测量，要求最大 1227.5kg/km，最小 1179.3kg/km。

2．不合格现象描述

测量结果，1164.3kg/km，原样复测结果为 1163.8kg/km，重新取样复测为 1166.2kg/km，判定导线的线密度试验项目不合格。

3．不合格原因分析

（1）原材料问题：原材料单位质量偏小，杂质成分较多。

（2）加工工艺问题：单线直径偏小，导致成缆单位质量偏小；绞合节距偏大，导致成缆单位质量偏小。

第四节　复合芯导线拉断力试验

一、概述

1. 试验目的

复合芯导线试验主要考核的是导线所能承受拉力值。架在电缆杆之间的电缆由于产品自重、起风等因素，通过计算、模拟在相关标准中确定其额定值，若绞线拉断力不达标，产品在使用中可能会出现质量问题，甚至出现安全隐患。此试验属于型式试验。

2. 试验依据

GB/T 32502—2016《复合材料芯架空导线》

3. 主要参数及定义

拉断力（breaking strength）：在试验过程中出现第一根单丝断裂时的拉力值。

额定拉断力：按绞线结构计算的拉断力。其值为各承载构件的承载截面积、最小抗拉强度和绞合系数的乘积的总和。

套管压制法（method of ferrule pressing）：将试样两端装上合适的金属套管，用压力机压制牢固，然后拉力试验机上进行拉伸试验的方法。

二、试验前准备

1. 试验装备与环境要求

复合芯导线拉断力试验仪器设备见表 2-9。

表 2-9　　复合芯导线拉断力试验仪器设备

仪器设备名称	参数及精度要求
拉力试验机	力值精度±1%
卷尺	量程 5m，精度 1mm
砂轮切割机	无
尖嘴钳	无

试验环境：

（1）试验一般在室温 10～35℃范围内；

（2）电源电压的波动范围不应超过额定电压的±10%，试验机电源应有可靠接地，频率的波动不应超过额定频率的 2%。

2. 试验前的检查

（1）用卷尺量取待测样品段，不应出现铝层表面受损或严重的弯折。铝层表面受损如图 2-4 所示。

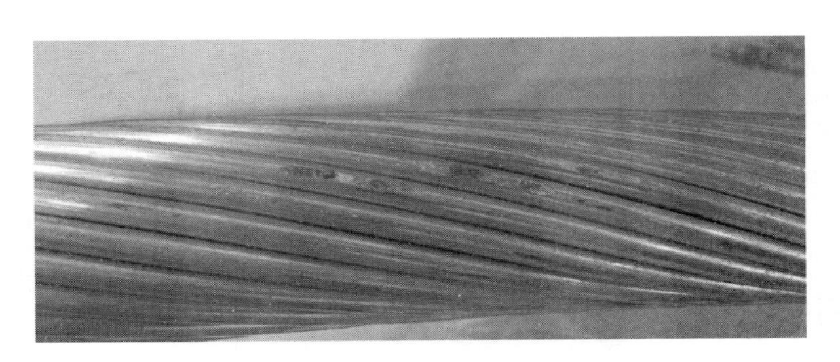

图 2-4　范铝层表面受损

（2）检查拉力试验机的引伸导轨，不应有杂物等影响拉伸时的稳定性。

（3）当天气过冷或过热时（超出 10～35℃范围），样品在试验前，应先在试验要求的环境中，预置 12～24h，以消除温度对试验的影响。

（4）清理试验现场，初步查看机台运行情况。打开电源，启动拉力机软件，选择适当的速度，使试验机进行拉伸、回位操作，观察软件中数据与该动作是否对应。此外，该过程中，油路系统不应出现过大噪声，油压表压力在拉力设备空载下不应出现过大压力，否则，可能是油路系统受阻，需排除问题后才能进行试验。根据试验要求，调整拉力机两夹头之间的距离，以便于试验安装夹具。

（5）查看防护罩的电源连接线，安全绳伸缩是否自由。

（6）碳纤维复合芯导线在中间用切割机截断，压制对应要求的套管进行试验。压制方法同下述样品两端压制，压制方向从截断处往分别往 2 头压制。截断时，铝层应用电工胶带固定放置发生松散。压制套管如图 2-5 所示。

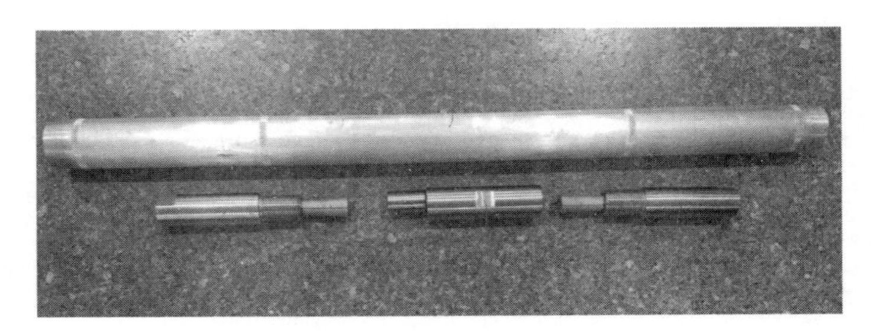

图 2-5　压制套管

（7）在压制套管的端部用记号笔做标记，如图 2-6 所示。

图 2-6　标记参考图

三、试验过程

1. 试验原理和接线

拉力试验机力值的测量是经过测力传感器、扩大器和数据处理系统来完成测量。在小变形前提下，一个弹性元件某一点的应变与弹性元件所受到的力成正比，与弹性的变构成正比。外力引起传感器内应变片的变形，招致电桥的不平衡，使得传感器输出电压发生转变，经过测量输出电压的转变，就可以计算力值大小。

卧式拉力机为保证足巨大拉力，且稳定拉伸，故采用油路系统来进行力值的传导。

2. 试验方法

（1）选择样品长度。样品长度不低于产品外径的400倍的长度，如果不足10m，取10m，带连接管和不带连接管各测试1根。

（2）样品两端的固定方式。在固定前，样品不能发生松散。采用套管压制，根据样品截面，选择对应大小的套管。铝绞线可选用铝套管，加强芯可选用钢套管。压制前应将导线接触面用汽油清洗干净，线材清洗长度为压制管的1.25倍。先剥出加强芯部分，剥出长度大于钢套管加上楔形夹座的长度。表面清洁后，将加强芯顺序插上外楔形夹座，楔形夹，钢套，旋紧楔形夹座与钢套，如图2-7所示。再将外铝套管，将外铝套管压制在楔形夹座上，完成压制。压制后的导线铝层不松股起灯笼。压制工具如图2-8所示。

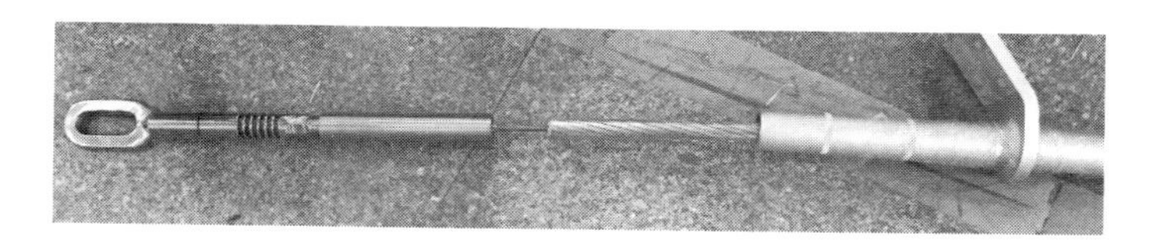

图2-7　加强芯安装完成图

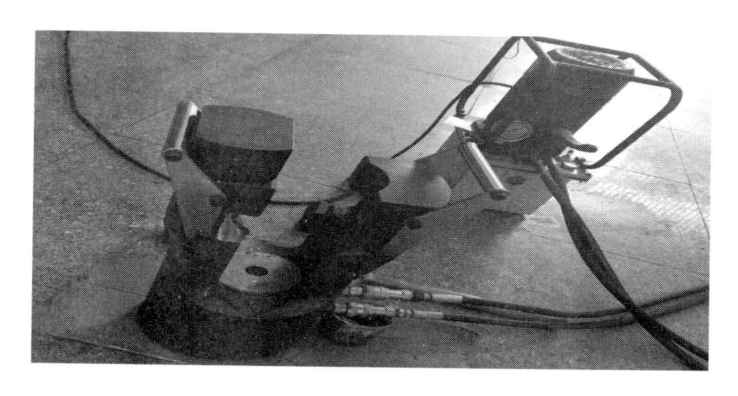

图2-8　压制工具

（3）安装试样：用实心铸件插入固定端，将套管于铸件挂钩连接。可布置起吊装置来较少人力操作。起吊装置如图2-9所示，固定端和金属套头如图2-10所示，实心铸件如图2-11所示，压制方式完成安装如图2-12所示。

图 2-9　起吊装置

图 2-10　固定端和金属套头

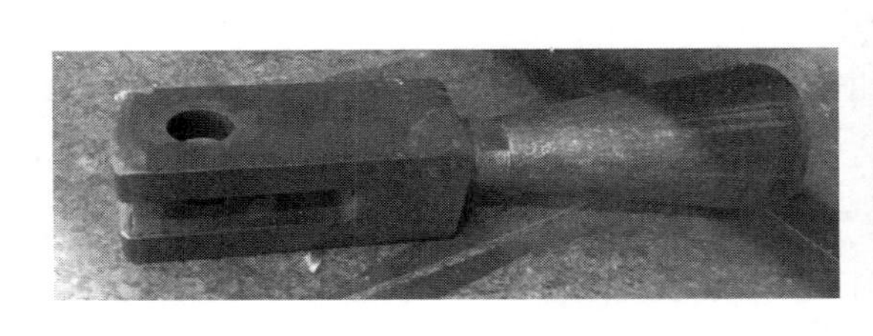

图 2-11　实心铸件

图 2-12　压制方式完成安装

（4）试样安装完毕后，合上防护盖开关，确保安全。

（5）软件清零，开始拉伸。试验期间负荷的增长速率应均匀，达到 30%RTS 的时间不小于 1min，也不大于 2min，整个试验期间应保持相同的负荷增长速率（20～100mm/min）。随时注意拉伸过程中机台运行情况，防止意外事故的发生。

（6）拉伸完毕后，开启防护罩，检查断裂情况，随后取下被测试样，将机台回位。

四、注意事项

（1）样品装上夹具时，要确保不发生轴向的扭曲。

（2）试样在拉断过程可能会局部拉断，应从拉伸曲线判断拉断力的取值，将导线中的任意单丝发生断裂时的力值作为结果。

五、试验后的检查

（1）检查原始记录信息，如环境温度、空气相对湿度、试验条件、试验数据等。

（2）如果断裂发生在距离端头 1cm 以内，并且拉断力小于规定的要求时，则可重复试验，最多可试验 3 次。

（3）在样品没有发生断裂，但是力值下降导致试验终止时，检查套管端部记号笔的标记，如果导线从中被拉出，则此次试验作废。

六、结果判定

复合芯导线拉断力试验结果判定依据见表 2-10 所示。部分技术文件中导线额定拉断力参考值见表 2-11。GB/T 32050—2016 标准中复合材料芯软铝型线绞线的计算额定拉断力见表 2-12。

表 2-10　　复合芯导线拉断力试验结果判定依据

序号	试验项目	不合格现象	结果判定依据
1	导线拉断力	结果小于导线额定拉断力	不应小于额定拉断力（见表 2-11）
2		结果小于导线额定拉断力的 95%	不应小于 GB/T 32502—2016 规定计算的额定拉断力的 95%（见表 2-12）

表 2-11　　部分技术文件中导线额定拉断力参考值

检　测　文　件	规格型号	额定拉断力（kN）
A457-500131361-00019《江苏省电力公司　泰州换流站—双草双回 500kV 线　碳纤维复合芯导线，JLRX/F1A，630/55（JLRX1/F1A-630/55-307）》	JLRX/F1A-630/55（JLRX1/F1A-630/55-307）	155.5
A031-500128488-00004《江苏省电力公司建设分公司　500kV 江都变至晋陵变线路改造工程　碳纤维复合芯导线，JLRX/T-460（JLRX1/F2A-460/40）》	JLRX/T-460（JLRX1/F2A-460/40）	118.727
A031-500131410-00007《江苏省电力公司建设分公司　三汊湾—秋藤—秦淮 500kV 双回线路增容改造工程　碳纤维复合芯导线，JLRX/F2A，450/50》	JLRX/F2A-450/50	146.3
A434-500015101-00007《江苏省电力公司南京供电公司　江苏南京殷巷—东山 110kV 线路改造工程（架空部分）　碳纤维复合芯导 JRLX/T，185》	JRLX/T-185	70.02
A458-500131323-00006《江苏省电力公司徐州供电公司　水杉—大宋 110kV 线路工程（架空）　碳纤维复合芯导线，JLRX/F1B，240/30》	JLRX/F1B，240/30	72.88

表 2-12　　GB/T 32502—2016 标准中复合材料芯软铝型线绞线的计算额定拉断力

标称截面积（铝/复合芯）（mm^2）	计算拉断力（kN）			
	F1A	F1B	F2A	F2B
150/20	49.87		55.76	
185/25	60.55		67.68	
185/30	70.03		78.51	
240/30	73.20		81.68	
240/40	94.64		106.2	

续表

标称截面积（铝/复合芯）（mm²）	计算拉断力（kN）			
	F1A	F1B	F2A	F2B
300/30	76.66		85.14	
300/35	86.96		96.92	
300/40	98.10		109.6	
300/50	122.8		137.9	
400/35	92.72		102.7	
400/40	103.9		115.4	
400/45	115.8		129.1	
400/50	128.6		143.7	
450/45	118.7		131.9	
450/50	131.5		146.6	
450/55	145.1		162.1	
500/40	109.6		121.2	
500/45	121.6		134.8	
500/50	134.4		149.4	
500/55	148.0		165.0	
500/65	162.4		181.5	
570/65	166.4		185.5	
570/70	181.7		203.0	
630/45	129.1		142.3	
630/55	155.5		172.5	
630/65	169.9		189.0	
710/55	160.1		177.1	
710/70	189.7		211.0	
800/65	179.7		198.8	
800/80	211.0		234.6	
800/95	245.7		274.2	

注　F 表示复合芯棒；1、2 表示强度等级；A、B 表示温度等级。

七、案例分析

1．案例概况

型号为 JLRX1/F1B-400/50 的碳纤维复合材料芯导线的导线拉断力（带接续管）未达标。

2. 不合格现象描述

试验过程：标准要求导体拉断力最小 122.2kN，样品结果为 100.2kN，不合格。试样断裂处在距离端头 1cm 以外，接续管附近未发生断裂，符合标准要求，试验结果确认。

3. 不合格原因分析

可能是企业未对加强芯棒生产质量控制力度不够，碳纤维芯棒可能存在毛丝较多，脆性较大等情况，从而影响使用性能。

第五节　软铝型线抗张强度

一、概述

1. 试验目的

软铝型线抗张强度主要考核单线在静拉伸条件下的最大承载能力，能够直接体现单线质量的优劣程度和承受外力大小的程度。此试验属于抽样试验。

2. 试验依据

GB/T 4909.3—2009《裸电线试验方法　第 3 部分：拉力试验》

GB/T 29325—2012《架空导线用软铝型线》

GB/T 32502—2016《复合材料芯架空导线》

3. 主要参数及定义

最大力 F_m（maximum force）：在试验中试件承受的最大力。

抗张强度 $\acute{o}_b$（tensile stress）：最大力除以试件的原始横截面积，即相当于最大力时的应力。

二、试验前准备

1. 试验装备与环境要求

软铝型线抗张强度试验仪器设备如表 2-13 所示。

表 2-13　　软铝型线抗张强度试验仪器设备

仪器设备名称	参数及精度要求
拉力试验机	力值示值误差：±1%
钢直尺	长度精度 1mm
卷尺	长度精度 1mm
精密天平	质量精度：±0.1%

试验时的环境温度一般为 10～35℃。

2. 试验前的检查

（1）检查软铝型线单线表面是否有机械损伤（比如明显的划痕，压痕等）。

（2）检查测试仪器设备精度是否符合标准要求，运行状态是否正常，是否在校准期内。

三、试验过程

1. 试验原理和接线

拉力试验机（如图 2-13 所示）力值的测量是经过测力传感器、扩大器和数据处理系统来完成测量。通过拉力试验机测量出软铝型线单线承受的最大力，然后用最大力除以软铝型线单线原始横截面积之商，得出最大力时的应力，即为软铝型线的抗张强度。单线拉力试验安装如图 2-14 所示。

图 2-13　拉力试验机

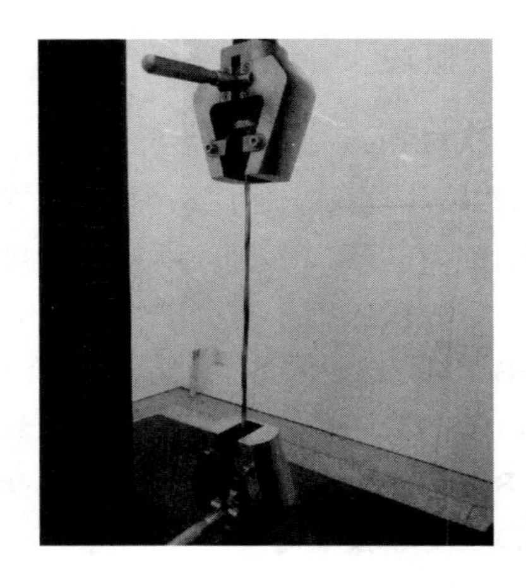

图 2-14　单线拉力试验安装

2. 试验方法

（1）取不少于 1m 长度的样品，手工校直，两端做端面处理，使两端平整光滑。

（2）使用精度为 1mm 的卷尺或钢直尺测量样品的长度，将样品放在水平桌面上，使卷尺或钢直尺的零刻度处对准样品一端，读取试样另一端所对应的刻度，即为样品长度 L（单位为 mm）。

（3）使用精度为±0.1%的天平称取样品质量，天平清零后将试样水平放置于天平托盘上，避免试样接触除托盘外其他任何物品，待天平上显示数值稳定时读取数值，即为样品的质量 M（单位为 g）。

（4）然后按照测量的长度和质量计算软铝型线截面积 S（mm^2）为

$$S=\frac{M}{L\times\rho}\times10^3 \tag{2-4}$$

式中　ρ——样品密度，软铝型线 20℃时密度为 2.703kg/dm^3。

（5）从测量完截面积的样品上截取试件三根，试件长度为原始标距长度加两倍钳口夹

持长度。

（6）将试件夹持在试验机的钳口内，加紧后试件的位置应保证试件的纵轴与拉伸的中心线重合。GB/T 29325—2012 中附录 B 的规定：软铝型线进行拉力试验时，其夹持方式如图 2-15 所示。

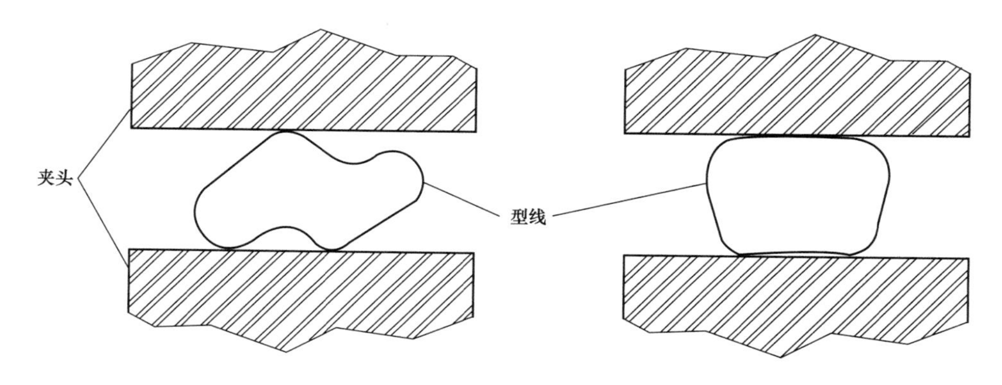

图 2-15　夹持方式示意图

（7）启动拉力试验机，加载应平稳，速度均匀，无冲击。软铝型线的拉伸速度应为 20～100mm/min。

（8）当试件被拉伸断裂后，存储或记录最大负荷（即最大力 F_m，N）。

（9）通过公式计算出抗张强度 σ_b（MPa），精确到 1MPa，计算公式为

$$\sigma_b = \frac{F_m}{S} \tag{2-5}$$

试验结果取 3 个试件计算数据的算术平均值。

四、注意事项

（1）注意取样时避免试样受到拉伸、扭转、弯曲或其他机械损伤。

（2）注意拉力试验机使用夹具不能太紧，以免损伤试样和夹具。

（3）注意天平应进行试验前校准。

五、试验后的检查

（1）检查原始记录信息，如环境温度、空气相对湿度、试验条件、试验数据等。

（2）检查制样过程是否对样品表面有人为损伤。

（3）核查计算修约过程和单位换算是否正确。

六、结果判定

软铝型线抗张强度试验结果判定依据见表 2-14。

表 2-14　　软铝型线抗张强度试验结果判定依据

试验项目	不合格现象	结果判定依据
软铝型线抗张强度	小于 60MPa 或者大于 95MPa	最小 60MPa 最大 95MPa

七、案例分析

案例

1. 案例概况

型号规格为 JLRX1/F1B-400/50 的软铝型线抗张强度试验，要求最小 60MPa，最大 95MPa。

2. 不合格现象描述

测量结果，56MPa，重新取样复测为 54MPa，每次试验试样断裂处都接近试样中间位置，判定软铝型线抗张强度试验项目不合格。

3. 不合格原因分析

（1）原材料问题：可能原材料质量不好，含杂质较多。

（2）加工工艺问题：可能是生产过程拉丝以及绞合工序中质量未控制好。

（3）试验方法问题：如取样时造成材料损伤，或未避开有缺陷的部位，造成试验不合格，此时应重新取样进行试验。

第六节　纤维增强树脂基复合材料芯棒结构检查

一、概述

1. 试验目的

纤维增强树脂基复合材料芯棒结构检查包括外观项目、直径偏差项目和 f 值（垂直于轴线的同一圆截面上测得的最大值与最小值之差）项目，是确定样品的质量状态，是作为样品是否可以进行机械性能试验的一个辅助判断手段。外观项目主要考核复合芯棒外观表面的状况，外观质量的好坏影响产品的机械性能和耐久性能。直径偏差及 f 项目考核复合芯棒外形尺寸情况，尺寸超出要求会导致复合芯棒后期使用过程中有受力不均匀情况发生，影响复合芯棒与金具的匹配问题。以上试验为抽样试验。

2. 试验依据

GB/T 29324—2012《架空导线用纤维增强树脂基复合材料芯棒》

GB/T 32502—2016《复合材料芯架空导线》

3. 主要参数及定义

直径：在同一圆截面且互相垂直的方向上两次测量值的平均值。

f 值：垂直于轴线的同一圆截面上测得的最大和最小直径之差。

二、试验前准备

1．试验装备与环境要求

纤维增强树脂基复合材料芯棒结构检查仪器设备如表 2-15 所示。

表 2-15　　纤维增强树脂基复合材料芯棒结构检查仪器设备

仪器设备名称	参数及精度要求
千分尺	尺寸测量精度：0.002mm

试验时的环境温度一般为 10～35℃。目测观察应在视线良好的环境下进行。

2．试验前的检查

（1）试验前应对复合芯棒表面外观进行目测检查，确认在试验前复合芯棒的外观完整、无损坏碰伤，如复合芯棒外观不完整、损伤等情况，应重新取样检查。

（2）检查测试仪器设备精度是否符合标准要求，运行状态是否正常，设备是否在校准期内。

三、试验过程

1．试验原理和接线

外观检查通过目力观察来检查架空导线用纤维增强树脂基复合材料芯棒外观性能。通过精度至少为 0.002mm 量具测量架空导线用纤维增强树脂基复合材料芯棒直径及 f 值。

复合芯棒外观检查如图 2-16 所示，直径及 f 值测量如图 2-17 所示。

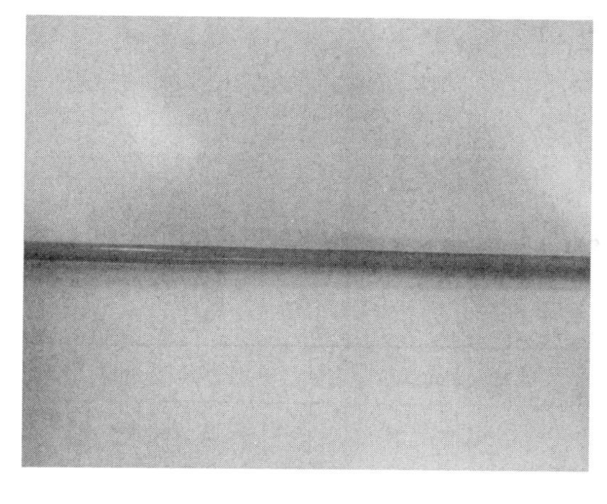

图 2-16　复合芯棒外观检查

图 2-17　复合芯棒直径及 f 值测量

2. 试验方法

（1）外观项目：在复合材料芯架空导线样品上取样，避开端头30mm，用手锯锯弓截取1m左右样品长度，注意截取过程中应避免复合芯棒端头开裂，剥除复合材料芯架空导线外层和内层软铝型线，留取复合芯棒，正常目视观察复合芯棒。

（2）直径偏差和f值项目：在复合材料芯架空导线样品上取样，避开端头30mm，用手锯锯弓截取1m左右样品长度，注意截取过程中应避免复合芯棒端头开裂，剥除复合材料芯架空导线外层和内层软铝型线，留取复合芯棒，使用精度至少为0.002mm量具。直径应取在同一圆截面上互成直角的位置上的两个读数的平均值，修约到两位小数（mm）。垂直于轴线的同一圆截面测得的最大和最小直径之差，且f值应测量三个不同截面，且截面积间距不小于100mm，取最大值作为结果，修约到两位小数（单位：mm）。

四、注意事项

（1）注意外观检查避免人为机械损伤引起的误判。

（2）注意直径及f值测量过程中千分尺应先清零后读数。

五、试验后的检查

（1）检查原始记录信息，如环境温度、空气相对湿度、试验条件、试验数据等。

（2）外观检查出现不合格时，应确认样品是否有人为损伤、擦伤，如有应重新取样检查，如非人为因素造成的缺陷，应进行拍照或视频留证。

（3）直径及f值测量出现不合格时，如出现不同截面样品直径及f值不均匀导致不合格时，应重新取样检查。

六、结果判定

GB/T 29324—2012中6.1的规定：复合芯棒表面应圆整、光洁、平滑、色泽一致，不得有与良好的工业产品不相称的任务缺陷（如凹凸、竹节、银纹、裂纹、夹杂、树脂积瘤、孔洞、纤维裸露、划伤及磨损等）。

GB/T 29324—2012中6.2的规定：复合芯棒的直径偏差、f值如表2-16所示。

表2-16　合芯棒的直径偏差和f值

型号	规格范围d（mm）	直径偏差（mm）	f值（mm）
F1A、F1B、F2A、F2B	$5.00 \leq d < 8.00$	±0.03	≤0.03
	$8.00 \leq d \leq 11.00$	±0.05	≤0.05

注　f值应测量三个不同截面，且截面间隔距离不小于100mm，取最大值作为结果。

七、案例分析

案例一

1. 案例概况

型号规格为 F1B-8.00 复合芯棒外观检查。

2. 不合格现象描述

复合芯棒表面有缺陷（凹凸、裂纹、孔洞）。

3. 不合格原因分析

（1）生产工艺问题：复合芯棒在拉挤成型中，纤维含量低，黏膜、模具划伤等原因造成。

（2）试验方法问题：如取样时造成材料损伤，造成试验不合格，此时应重新取样进行试验。

案例二

1. 案例概况

型号规格为 F1B-8.00 复合芯棒直径偏差及 f 值。

2. 不合格现象描述

直径测量结果 8.06mm，f 值为 0.06mm。

3. 不合格原因分析

生产工艺问题：复合芯棒在拉挤成型中，牵引速度太快，模具有偏差等原因造成。

第七节 纤维增强树脂基复合材料芯棒密度试验

一、概述

1. 试验目的

纤维增强树脂基复合材料芯棒密度试验考核单位体积材料在 t℃时的质量。此试验属于抽样试验。

2. 试验依据

GB/T 1446—2005《纤维增强塑料性能试验方法总则》

GB/T 1463—2005《纤维增强塑料密度和相对密度试验方法》

GB/T 29324—2012《架空导线用纤维增强树脂基复合材料芯棒》

GB/T 32502—2016《复合材料芯架空导线》

3. 主要参数及定义

密度：单位体积材料在 t℃时的质量称为 t℃时的密度。

二、试验前准备

1. 试验装备与环境要求

纤维增强树脂基复合材料芯棒密度试验仪器设备如表 2-17 所示。

表 2-17　　纤维增强树脂基复合材料芯棒密度试验仪器设备

仪器设备名称	参数及精度要求
天平	感量 0.0001g
支架	稳固的支撑架，架在称量托盘之上，放置浸泡用容器
容器	250mL
金属丝	直径小于 0.125mm
游标卡尺	精度 0.01mm

GB/T 1446—2005 中对环境条件规定温度：（23±2）℃；相对湿度：（50±10）%。试验前，试样在实验室标准环境条件下至少放置 24h。

2. 试验前的检查

（1）试样前复合材料芯棒需外观检查，如有缺陷和不符合尺寸及制备要求者，应予作废。

（2）试验前应对天平进行使用前校准，使用标准砝码称重，实际称重与标准重量之差和标准重量的比重不大于±0.1%。

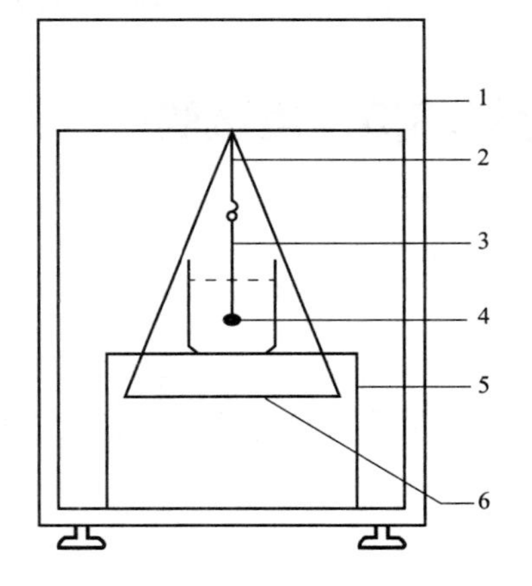

图 2-18　几何法密度测量原理示意图

1—天平；2—天平挂钩；3—金属丝；4—试样；5—支承架（架在称量托盘之上，不与托盘及其吊线接触）；6—称量托盘

三、试验过程

1. 试验原理和接线

GB/T 1463—2005 中 8.1 的规定：浮力法根据阿基米德原理，以浮力来计算试样体积。试样在空气中的质量除以其体积即为试样材料的密度。

GB/T 1463—2005 中 8.2 的规定：几何法制取具有规则几何形状的试样，称其质量，用测量的试样尺寸计算试样体积，试样质量除以试样的体积等于试样的密度。

几何法密度测量装置如图 2-18 所示。

2. 试验方法

（1）浮力法。

1）距复合芯棒边缘 30mm 以上，避开取位区有气泡、分层、树脂淤积、皱褶、翘曲、错误铺层等缺陷，制取复合芯棒数量为 5 个，试样体积不小于 $1cm^3$，表面和边应光滑，通常试样质量为 1～5g。

2）试样在温度：（23±2）℃；相对湿度：（50±10）%环境条件下至少放置 24h。

3）在空气中称量试样的质量（m_1）和金属丝的质量（m_3），精确到 0.0001g。

4）测量和记录容器中水的温度，水的温度应为（23±2）℃。

5）容器置于支架上，将由该金属丝悬挂着的试样全部浸入到容器内的水中。容器绝不能触到金属丝或试样。用另一根金属丝尽快除去黏附在试样和金属丝上的气泡。称量水中试样的质量（m_2），精确到 0.0001g。除有其他的规定，应尽可能快地称量，以减少试样吸收的水。

6）按规定的试样数量重复测定。

7）计算公式

$$\rho_t = \frac{m_1}{m_1 + m_3 - m_2}\rho_w \tag{2-6}$$

式中 ρ_t ——试样在 t℃时的密度，kg/m^3；

m_1 ——试样在空气中的质量，g；

m_2 ——试样悬挂在水中的试样质量，g；

m_3 ——金属丝在空气中的质量，g；

ρ_w ——水在 t℃时的密度，kg/m^3。在 23℃下的值为 $997.6kg/m^3$。

（2）几何法。

1）距复合芯棒边缘 30mm 以上，避开取位区有气泡、分层、树脂淤积、皱褶、翘曲、错误铺层等缺陷，制取复合芯棒数量为 5 个，其任一特征方向的尺寸不得小于 4mm，试样体积必须大于 $10cm^3$。

2）试样在温度：（23±2）℃；相对湿度：（50±10）%环境条件下至少放置 24h。

3）在空气中称量试样的质量（m），精确到 0.001g。

4）在试样每个特征方向均匀分布的三点上，测量试样尺寸，精确到 0.01mm。三点尺寸相差不应超过 1%。取三点的算术平均值作为试样此方向的尺寸。从而得到试样的体积（V）。

5）计算公式

$$\rho_t = \frac{m}{V} \times 10^{-3} \tag{2-7}$$

式中 ρ_t ——试样在 t℃时的密度，kg/m^3；

m ——试样的质量，g；

V ——试样的体积，m^3。

四、注意事项

（1）注意试样应采用硬质合金刃具或砂轮片等加工，加工时要防止试样产生分层、刻痕和局部挤压等机械损伤。

（2）注意避免试样表面有油污、粉尘等，造成试样重量称量不准确。

（3）注意浮力法试验中尽可能快地称量，以减少试样吸收的水。

五、试验后的检查

（1）检查原始记录信息，如环境温度、空气相对湿度、试验条件、试验数据等。

（2）核查试样结果，如有损伤、制样不符合要求的样品，应重新取样试验。

（3）核查试样质量称重、体积测量和计算修约是否正确。

六、结果判定

GB/T 29324—2012 中 6.7 的规定：复合芯棒的密度不应大于 2.0kg/dm^3。

七、案例分析

1. 案例概况

型号规格为 F1B-8.00 复合芯棒密度试验。

2. 不合格现象描述

密度为 2.1kg/dm^3。

3. 不合格原因分析

原材料问题：碳纤维、玻璃纤维和树脂基体等原材料配方比例影响。

第八节　纤维增强树脂基复合材料芯棒卷绕试验、扭转试验及抗拉强度试验

一、概述

1. 试验目的

纤维增强树脂基复合材料芯棒卷绕试验考核芯棒的抗变形能力，卷绕性能的好坏影响复合芯棒的机械性能。

纤维增强树脂基复合材料芯棒扭转试验考核芯棒的抗变形能力，扭转性能的好坏影响复合芯棒的机械性能。

纤维增强树脂基复合材料芯棒抗拉强度试验考核芯棒承载最高负荷能力，抗拉强度的不合格可能会影响复合芯棒的机械性能。

以上试验属于抽样试验。

2. 试验依据

GB/T 29324—2012《架空导线用纤维增强树脂基复合材料芯棒》

GB/T 32502—2016《复合材料芯架空导线》

3. 主要参数及定义

卷绕：检验芯棒承受卷绕变形性能。

扭转：检验芯棒承受扭转变形性能。

抗拉强度：拉伸芯棒试件至断裂时记录的最大抗拉应力。

二、试验前准备

1. 试验装备与环境要求

纤维增强树脂基复合材料芯棒卷绕试验、扭转试验及抗拉强度试验仪器设备如表 2-18 所示。

表 2-18　纤维增强树脂基复合材料芯棒卷绕试验、扭转试验及抗拉强度试验仪器设备

仪器设备名称	参数及精度要求
卷绕试验机	卷绕速度 3r/min、卷绕盘直径 50*D*
扭转试验机	扭转速度 2r/min
伺服系统卧式材料试验机	±1%

试验时的环境温度一般为 10～35℃。

2. 试验前的检查

（1）检查取长度不少于 200*D* 的复合芯棒试样，有人为机械损伤的样品不得用于卷绕试验。

（2）检查卷绕试验机卷绕速度以不大于 3r/min 速度工作。

（3）根据复合芯棒的尺寸，选择安装所需的卷绕盘。

（4）检查扭转试验机齿轮等机械传动装置，确保部件完好并润滑。

（5）检查扭转试验机速度以不大于 2r/min 速度工作。

（6）检查抗拉强度试验前根据复合材料芯棒直径选取适配的连接金具固定，处理好的端头能牢固的固定在试验设备上。

三、试验过程

1. 试验原理和接线

卷绕试验是将复合芯棒通过相关设备卷绕在符合标准规定的卷绕盘上，以此来考核复合芯棒的抗劈裂性能和承受卷绕变形性能。

卷绕试验机原理示意如图 2-19 所示。

扭转试验是对复合芯棒一端施加一个旋转方向，测试复合芯棒在扭转状态下承受变形，抗劈裂的性能，以此来检验复合芯棒的机械性能。

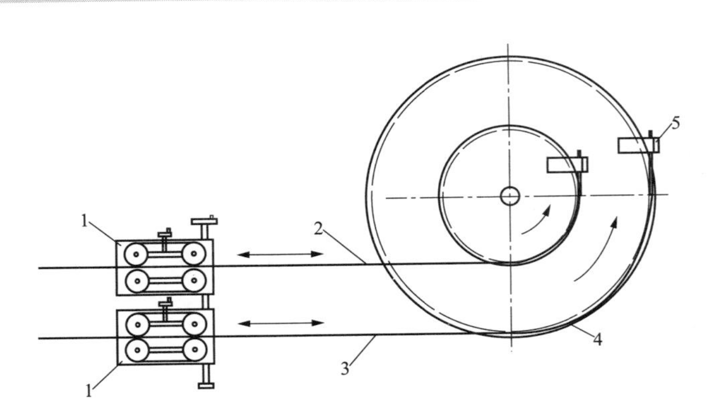

图 2-19　卷绕试验机原理示意图

1—复合芯棒双向牵引装置；2—直径 5.0mm 复合芯棒试样；3—直径 11.00mm 复合芯棒试样；4—卷绕盘；5—复合芯棒固定装置

扭转试验机原理示意图如图 2-20 所示。

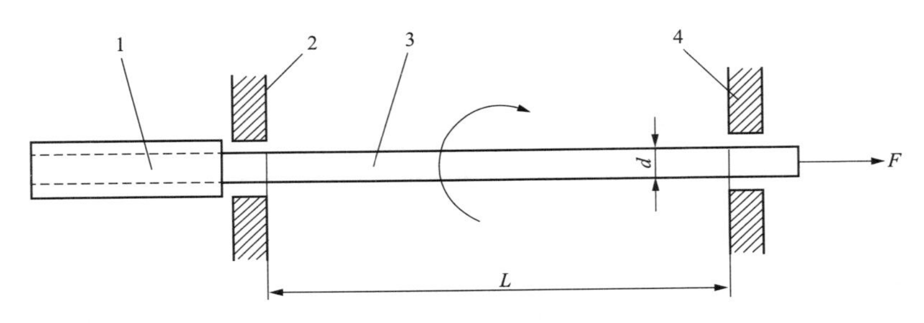

图 2-20　扭转试验机原理示意图

1—电机轴；2—旋转夹头；3—复合芯棒试样；4—定位夹头；*d*—复合芯棒固定装置；*L*—标距长度；*F*—负荷

抗拉强度是在复合芯棒在拉伸过程中，材料经过屈服阶段后进入强化阶段后随着横向截面尺寸明显缩小在拉断时所承受的最大力。

复合芯棒端头固定如图 2-21 所示，抗拉强度试验机如图 2-22 所示。

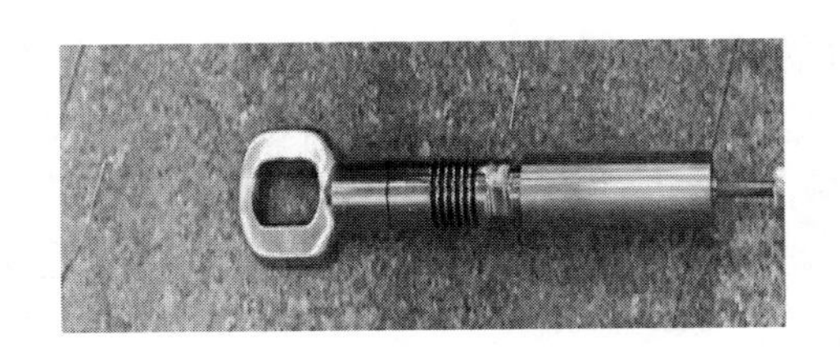

图 2-21　复合芯棒端头固定

图 2-22　抗拉强度试验机

2. 试验方法

（1）卷绕。在复合材料芯架空导线样品上取样三组各 200*D*（*D* 为芯棒标称直径）长度，避开端头 30mm，用手锯锯弓截取，注意截取过程中应避免复合芯棒端头开裂，剥除复合材料芯架空导线外层和内层软铝型线，留取复合芯棒。将复合芯棒一端牵引装置之间，另一端固定在 50*D*（*D* 为芯棒标称直径）直径卷绕盘上，样品呈水平位置。卷绕试验机应设置安全保护罩，设置不大于 3r/min 的卷绕速度，启动卷绕试验机，卷绕 1 圈，保持 2min。保持 2min 后，退转卷绕试验机，样品回到水平初始位置，取下样品。检查芯棒应不开裂、不断裂。

（2）扭转前抗拉强度

1）在复合材料芯架空导线样品上截取五组 170～200*D*（*D* 为芯棒标称直径）长度，避开端头 30mm，剥除复合材料芯架空导线外层和内层软铝型线，留取复合芯棒，用手锯锯弓截取，注意截取过程中应避免复合芯棒端头开裂。

2）将复合芯棒两端与其规格相配套的连接金具安装，将已安装连接金具的复合芯棒两端固定在试验机固定端和拉伸端。确保试样在轴向拉伸试验中试件不滑落。同时试样有效拉伸长度不小于 70*D*（*D* 为芯棒标称直径）。

3）伺服系统卧式材料试验机应有安全防护保护罩，设置 6mm/min 的拉伸速度，仲裁试验拉伸速度为 2mm/min，力值清零后，启动试验机后，记录复合芯棒断裂后产生的最大力值。

（3）扭转试验及扭转后抗拉强度试验。

1）在完成卷绕试验后的复合芯棒上截取三组 170*D*（*D* 为芯棒标称直径）长度复合芯棒，用手锯锯弓截取，注意截取过程中应避免复合芯棒端头开裂。

2）将复合芯棒一端固定在试验设备旋转夹头中，另一端固定在试验设备定位夹头中，定位夹头加载 40kg 砝码。

3）扭转试验机设置不大于 2r/min 的扭转速度，启动扭转试验机，将复合芯棒进行 360°的扭转，保持 2min。保持 2min 后，退转扭转试验机，复合芯棒应展直，取下样品。

4）扭转试验后测试试样的抗拉强度。

5）将复合芯棒两端与其规格相配套的连接金具安装，将已安装连接金具的复合芯棒两端固定在试验机固定端和拉伸端。确保试样在轴向拉伸试验中试件不滑落。同时试样有效拉伸长度不小于 70*D*（*D* 为芯棒标称直径）。

6）伺服系统卧式材料试验机应有安全防护保护罩，设置 6mm/min 的拉伸速度，仲裁试验拉伸速度为 2mm/min，力值清零后，启动伺服系统卧式材料试验机后，记录复合芯棒断裂后产生的最大力值。

四、注意事项

（1）注意卷绕试验调整试样导向装置，使之与卷绕盘成切线方向。

（2）注意卷绕试验调节复合芯棒固定装置，使复合芯棒与卷绕盘外圆表面相切并压紧。

（3）注意扭转试验确保试样的轴线与夹具的轴线重合，旋紧夹具。

（4）注意抗拉强度试验过程中试样不滑落，试样拉伸过程中有效拉伸长度应不小于 $70D$，保证试样的纵轴线与拉伸的中线重合。

（5）注意试验过程中人身安全，保持安全距离。

五、试验后的检查

（1）检查原始记录信息，如环境温度、空气相对湿度、试验条件、试验数据等。

（2）卷绕试验出现不合格时，核查试样开裂位置，如开裂在卷绕盘固定位置，应重新取样试验。

（3）核查扭转试验试样表层开裂位置，如开裂在扭转试验机夹头位置，应重新取样试验。

（4）检查抗拉强度试样断裂位置，如断裂在端头连接金具里，应重新取样进行试验。

（5）检查抗拉强度试验后力值曲线，避免因连接端头松动，导致力值偏小。出现这种现象，应重新取样，固定好连接金具后重新试验。

六、结果判定

纤维增强树脂基复合材料芯棒卷绕试验、扭转试验及抗拉强度试验结果判定依据如表 2-19 所示。

表 2-19　纤维增强树脂基复合材料芯棒卷绕试验、扭转试验及抗拉强度试验结果判定依据

序号	试验项目	不合格现象	结果判定依据
1	卷绕	芯棒开裂或断裂	芯棒应不开裂、不断裂
2	抗张强度	小于标称值	1 级复合芯棒最小 2100MPa 2 级复合芯棒最小 2400MPa
3	扭转	芯棒表层开裂	芯棒表层应不开裂
4	扭转后抗张强度	小于标称值	1 级复合芯棒最小 2100MPa 2 级复合芯棒最小 2400MPa

七、案例分析

1. 案例概况

型号为 F1B-8.00 复合芯棒卷绕项目。

2. 不合格现象描述

复合芯棒卷绕后出现开裂、断裂现象。

3. 不合格原因分析

（1）原材料问题：碳纤维、玻璃纤维和树脂基体等原材料配方比例影响芯棒的力学强度。

（2）加工工艺问题：生产过程中拉挤成型工艺中纤维及填料量少，固化度太低造成芯棒固化不均匀，不稳定。

（3）试验方法问题：如取样时造成材料损伤，或未避开有缺陷的部位，造成试验不合格，此时应重新取样进行试验。

第九节　纤维增强树脂基复合材料芯棒玻璃化转变温度DMA T_g试验

一、概述

1. 试验目的

通过测试试样的玻璃化转变温度，可以得出材料的热历史，工艺条件、稳定性、化学反应过程及力学和电气性能方面的重要信息。此试验属于抽样试验。

2. 试验依据

GB/T 22567—2008《电气绝缘材料　测定玻璃化转变温度的试验方法》

GB/T 29324—2012《架空导线用纤维增强树脂基复合材料芯棒》

GB/T 32502—2016《复合材料芯架空导线》

3. 主要参数及定义

玻璃化转变：在无定型材料内或部分结晶材料的无定型域内，材料由粘流态或橡胶态转变为坚硬状态（或反之）的一种物理变化。

玻璃化转变温度：发生玻璃化转变的温度范围内的中点处的温度。

动态热机械分析：是一种测量在振动负荷或变形下，材料的储能模量和/或损失模量与温度、频率或时间或其组合的关系。

二、试验前准备

1. 试验装备与环境要求

纤维增强树脂基复合材料芯棒玻璃化转变温度DMA T_g试验仪器设备如表2-20所示。

表2-20　纤维增强树脂基复合材料芯棒玻璃化转变温度DMA T_g试验仪器设备

仪器设备名称	参数及精度要求
动态热机械分析仪	设备最高温度不小于300℃ 升温速率为5K/min，频率功能为1Hz 温度测量应准确至0.5K 频率测量应准确至±1% 力的测量应准确至±1%
游标卡尺	精度为0.01mm

标准中对环境条件无要求。试验在10～35℃的室温下进行。

2. 试验前的检查

（1）检查样品型号规格，确认样品无误。

（2）检查样品外观，确认样品外观是否完好。

（3）制备试验样品；制备样片尺寸为：2mm×*D*×60mm，*D* 为被测样品标称直径。

三、试验过程

1. 试验原理和接线

动态热机械分析（或称动态力学分析）是在程序控温和交变应力作用下，测量试样的动态模量和力学损耗与温度或频率关系的技术，使用这种技术测量的仪器就是动态热机械分析仪。

2. 试验方法

（1）提前开机预热设备。

（2）安装三点弯夹具。

（3）自校准 DMA 设备。

（4）测量试验样片长度、宽度和厚度的平均值。

（5）安装试验样片。

（6）根据标准要求设定试验参数。

（7）开展试验并取得结果曲线。

（8）根据 GB/T 22567—2008 中附录 A 的图解计算获得最终试验结果。

四、注意事项

（1）严格按照仪器的说明书要求开展试验。

（2）固定仪器炉体内样品测温传感器的位置并在每次试验中保持一致。

（3）除非其他规定，一般测试 3 个试样，建议取最小值作为试验结果。

五、试验后的检查

（1）检查原始记录信息，如环境温度、空气相对湿度、试验条件、试验数据等。

（2）检查制样过程是否对样品表面有人为损伤。

六、结果判定

纤维增强树脂基复合材料芯棒玻璃化转变温度 DMA T_g 试验结果判定依据如表 2-21 所示。

表 2-21　纤维增强树脂基复合材料芯棒玻璃化转变温度 DMA T_g 试验结果判定依据

试验项目	不合格现象	结果判定依据
玻璃化转变温度	结果小于对应等级合格温度值	GB/T 29324—2012 中 6.10 A 级不小于 150℃ B 级不小于 190℃

第三章 钢绞线及钢芯铝绞线

钢绞线由多根镀锌钢丝或铝包钢单丝绞合而成，主要起到吊架、悬挂、固定、拴系、接地等作用；钢芯铝绞线是在中心钢芯层周围螺旋绞上一层或多层铝线组成的导线，其相邻层绞向相反，钢芯层提供了高力学强度，铝线层提供了良好的导电性能，主要用于电力架空线路。

检测依据标准：

GB/T 228.1《金属材料 拉伸试验 第 1 部分：室温试验方法》

GB/T 239.1《金属材料 线材 第 1 部分：单向扭转试验方法》

GB/T 1179《圆线同心绞架空导线》

GB/T 1839《钢产品镀锌层质量试验方法》

GB/T 2976/ISO 7802：1983《金属材料 线材 缠绕试验方法》

GB/T 3428《架空绞线用镀锌钢线》

GB/T 4909.2《裸电线试验方法 第 2 部分：尺寸测量》

GB/T 4909.3《裸电线试验方法 第 3 部分：拉力试验》

GB/T 17048《架空绞线用硬铝线》

GB/T 17937《电工用铝包钢线》

Q/GDW 13236.5《导、地线采购标准 第 5 部分：镀锌钢绞线专用技术规范》

YB/T 5004《镀锌钢绞线》

第一节 绞线结构检查

一、概述

1. 试验目的

绞线结构检查包括导体单丝根数检查、单线直径、外径、节径比、绞向、计算截面积和铝线截面积项目，确定样品的质量状态，是作为样品是否可以进行机械性能试验的一个辅助判断手段。单丝根数检查、单线直径、外径和节径比项目关系到单线的电阻率、抗张强度和断裂伸长率等主要性能指标，达不到要求，很可能导致成品导线的质量下降。绞向未按照相关要求的方向进行绞制会影响绞线的安装敷设。计算截面积项目和铝线截面积项目主要影响绞线的承载能力，直观影响产品的导电性能。以上试验属于抽样试验。

2. 试验依据

GB/T 1179—2008《圆线同心绞架空导线》

GB/T 4909.2—2009《裸电线试验方法　第2部分：尺寸测量》

Q/GDW 13236.5—2014《导、地线采购标准　第5部分：镀锌钢绞线专用技术规范》

3. 主要参数及定义

（1）绞向：一层单线的扭绞方向，即从离开观察者的运动方向。右向为顺时针方向，左向为逆时针方向。另一种定义：右向即当绞线垂直放置时，单线符合英文字母Z中的部分的方向；左向即当绞线垂直放置时，单线符合英文字母S中间部分的方向。

（2）节距：绞线中的一根单线形成一个完成螺旋的轴向长度。

（3）节径比：绞线中单线的节距与该层的外径之比。

（4）单线：具有规定圆截面的拉制金属线。

（5）正常视力：正常视力是指1.0/1.0，必要时，可用眼镜校正。

二、试验前准备

1. 试验装备与环境要求

绞线结构检查仪器设备如表3-1所示。

表3-1　绞线结构检查仪器设备

仪器设备名称	参数及精度要求
游标卡尺	精度等级：0.02mm
千分尺	精度等级：0.01mm
钢直尺	300mm和1000mm，精度等级：1mm

试验时的环境温度一般为10～35℃。目测观察应在视线良好的环境下进行。

2. 试验前的检查

（1）检查试验用的游标卡尺、千分尺、钢直尺是否在计量范围内。

（2）检查钢直尺各工作面和边缘，不应被碰伤；千分尺测砧应能紧密咬合；游标卡尺量爪应能紧密咬合。

三、试验过程

1. 试验原理和接线

（1）节径比：用游标卡尺和钢直尺分别测量样品的绕包周长和节距。

（2）计算截面积：测量该种材料的单丝直径和根数，计算单丝平均截面积，计算截面

积等于单丝平均截面积和根数的乘积。

2. 试验方法

（1）导体单丝根数检查：正常视力测试。

（2）线材单线直径：样品长度不小于 1m，在垂直于试样轴线的同一截面上，且相互垂直的方向上用千分尺测量。在试样的两端和中部共测量三处，各测量点之间的距离不应小于 200mm。三处 6 个结果的平均值，作为最终结果。

（3）外径：用纸带（可用 A4 纸）绕包产品，用游标卡尺测量产品周长长度，外径=周长/π-2 倍纸厚，此处的周长是包括外层纸带的周长。

（4）节径比：该层的外径同上外径测量。该层的绞合节距测量在 1～2m 长的试样上进行，平放并拉直，用钢直尺沿试样轴紧靠在试样上，测量（n+1）股的距离。n 为该层股数。

$$\text{节径比}=\text{节距}/\text{外径} \tag{3-1}$$

（5）绞合方向：正常视力测试。单层检查最外层绞向，多层还要另外相邻层的绞向是否为反向。

（6）计算截面积。根据 GB/T 1179：取 1m 长的单线样品，在间隔 20cm 的 4 个位置上测量 4 组外径值，每组间隔 90°测 2 个值，取平均值 d（d_1、d_2、d_3、d_4），分别计算出单线截面积 S（S_1、S_2、S_3、S_4）

$$S = \pi\,(d/2)^2 \tag{3-2}$$

单线截面积 S 乘以单线总根数 n，得到计算截面积 a（a_1、a_2、a_3、a_4），计算截面积 a 与标称截面积 b 保持相同的小数点位数。

标称截面积 b 见表 3-3 和表 3-4。

计算：

1）计算截面积 a 与标称截面积 b 的最大差值比上标称截面积 b。

2）计算截面积 a 与标称截面积 b 的最大差值比上计算截面积 a 的平均值。

根据 Q/GDW 13236.5：钢线单线沿试样长度，以大约相等的间距至少测量三组外径，每组间隔 90°测 2 个值，取平均值 d，根据式（3-2）计算出单线面积值 S。单线截面积 S 乘以单线总根数 n，得出计算截面积 a。

四、注意事项

（1）千分尺和游标卡尺在使用前要校零。

（2）绕包纸带，带宽为 5～10mm，不能太宽。

（3）千分尺测量单丝直径时，被测单丝应被校直，一般是手工校直，可以放在木桌上，用木槌轻轻敲直。

（4）节径比项目测试时，应保持样品原有的绞合状态，不能发生松散。

（5）钢直尺、千分卡尺、游标卡尺不应放在潮湿和有酸类气体的地方，以防锈蚀。

五、试验后的检查

检查原始记录信息，如环境温度、空气相对湿度、试验条件、试验数据等。

六、结果判定

绞线结构检查结果判定依据如表 3-2～表 3-15 所示。

表 3-2　　绞线结构检查结果判定依据

序号	试验项目	不合格现象	结果判定依据
1	导体单丝根数（GB/T 1179）	不符合产品型号中对应要求	符合产品型号中对应要求①
2	导体单丝根数（Q/GDW 13236.5）	未做要求	未做要求
3	铝线单线直径（GB/T 1179）	超出允许偏差值	标称外径不大于 3.00mm 时，允许偏差±0.03mm； 标称外径大于 3.0mm 时，允许偏差±1%标称外径 铝线单线直径标称值见表 3-5 和表 3-6
4	钢线单线直径（GB/T 1179）	超出允许偏差值	在表 3-8 或表 3-9 中查找标称值，再对应型号在表 3-10～表 3-14 中找到标称值
5	钢线单线直径（Q/GDW 13236.5）	超出允许偏差值	见表 3-15
6	外径	未做要求	未做要求
7	节径比	超出允许偏差值和或节径比大于邻内层节径比	见表 3-7 和任何层的节径比不应大于紧邻内层的节径比
8	绞合方向（单层）	最外层应为左向	最外层应为右向
9	绞合方向（多层）	最外层为左向和或相邻层未反向	最外层应为右向，且相邻层反向
10	铝线截面积：最大偏差值与标称值之比（GB/T 1179）	超出允许偏差值	最大　+2% 最小　−2%
11	铝线截面积：最大偏差值与测量平均值之比（GB/T 1179）	超出允许偏差值	最大　+1.5% 最小　−1.5%
12	计算截面积（Q/GDW 13236.5）	未做要求	未做要求

① 示例：JL/G1A-500/35-45/7 该钢芯铝绞线的铝线根数应为 45 根，钢线根数应为 7 根。

表 3-3　　IEC 61089 推荐的导线尺寸及导线性能表——JL/G1 A、JL/G1B、JL/G2A、JL/G2B、JL/G3A 钢芯铝绞线对应的标称铝面积

标称截面积（铝/钢）(mm^2)	铝面积(mm^2)	标称截面积（铝/钢）(mm^2)	铝面积(mm^2)
16/3	16	100/17	100
25/4	25	125/7	125
40/6	40	125/20	125
65/10	63	160/9	160

续表

标称截面积（铝/钢）（mm^2）	铝面积（mm^2）	标称截面积（铝/钢）（mm^2）	铝面积（mm^2）
160/26	160	630/80	630
200/11	200	710/50	710
200/32	200	710/90	710
250/25	250	800/35	800
250/40	250	800/65	800
315/22	315	800/100	800
315/50	315	900/40	900
400/28	400	900/75	900
400/50	400	1000/45	1000
450/30	450	1120/50	1120
450/60	450	1120/90	1120
500/35	500	1250/50	1250
500/65	500	1250/100	1250
560/40	560	—	—
560/70	560	—	—
630/45	630	—	—

表 3-4　　国内常用规格的导线尺寸及导线性能表——JL/G1A 钢芯铝绞线对应的标称铝面积

标称截面积（铝/钢）	铝面积（mm^2）	标称截面积（铝/钢）	铝面积（mm^2）
10/2	10.60	150/20	145.68
16/3	16.13	150/25	148.86
35/6	34.86	150/35	147.26
50/8	48.25	185/10	183.22
50/30	50.73	185/25	187.03
70/10	68.05	185/30	181.34
70/40	69.73	185/45	184.73
95/15	94.39	210/10	204.14
95/20	95.14	210/25	209.02
95/55	96.51	210/35	211.73
120/7	118.89	210/50	209.24
120/20	115 67	240/30	244.29
120/25	122.48	240/40	238.84
120/70	122.15	240/55	241.27
150/8	144.76	300/15	296.88

续表

标称截面积（铝/钢）	铝面积（mm^2）	标称截面积（铝/钢）	铝面积（mm^2）
300/20	303.42	400/35	390.88
300/25	306.21	400/65	398.94
300/40	300.09	400/95	407.75
300/50	299.54	500/45	488.58
300/70	305.36	630/55	639.92
400/20	406.40	800/55	814.30
400/25	391.91	800/70	808.15

表 3-5　IEC 61089 推荐的导线尺寸及导线性能表——JL/G1 A、JL/G1B、JL/G2A、JL/G2B、JL/G3A 钢芯铝绞线对应的标称铝线单线直径

标称截面积（铝/钢）	铝线单线直径（mm）	标称截面积（铝/钢）	铝线单线直径（mm）
16/3	1.84	500/65	3.43
25/4	2.30	560/40	3.98
40/6	2.91	560/70	3.63
65/10	3.66	630/45	4.22
100/17	4.61	630/80	3.85
125/7	2.97	710/50	4.48
125/20	2.47	710/90	4.09
160/9	3.36	800/35	3.76
160/26	2.80	800/65	3.48
200/11	3.76	800/100	4.34
200/32	3.13	900/40	3.99
250/25	3.80	900/75	3.69
250/40	3.50	1000/45	4.21
315/22	2.99	1120/50	4.45
315/50	3.93	1120/90	4.12
400/28	3.36	1250/50	4.70
400/50	3.07	1250/100	4.35
450/30	3.57	—	—
450/60	3.26	—	—
500/35	3.76	—	—

表 3-6　　国内常用规格的导线尺寸及导线性能表——JL/G1A 钢芯铝绞线对应的标称铝线单线直径

标称截面积（铝/钢）	铝线单线直径（mm）	标称截面积（铝/钢）	铝线单线直径（mm）
10/2	1.50	210/10	3.80
16/3	1.85	210/25	3.33
35/6	2.72	210/35	3.22
50/8	3.20	210/50	2.98
50/30	2.32	240/30	3.60
70/10	3.80	240/40	3.42
70/40	2.72	240/55	3.20
95/15	2.15	300/15	3.00
95/20	4.16	300/20	2.93
95/55	3.20	300/25	2.85
120/7	2.90	300/40	3.99
120/20	2.38	300/50	3.83
120/25	4.72	300/70	3.60
120/70	3.60	400/20	3.51
150/8	3.20	400/25	3.33
150/20	2.78	400/35	3.22
150/25	2.70	400/65	4.42
150/35	2.50	400/95	4.16
185/10	3.60	500/45	3.60
185/25.	3.15	630/55	4.12
185/30	2.98	800/55	4.80
185/45	2.80	800/70	4.63

表 3-7　　节 径 比 标 称 值

执行标准和文件	结构元件	绞层	节径比
GB/T 1179—2008	钢及铝包钢加强芯	6 根层 12 根层	16～26 14～22
	铝及铝合金绞层	外层 内层	10～14 10～16
	钢级铝包钢绞线	所有绞层	10～16
Q/GDW 13236.5—2014	钢加强芯	最外层	10～14

表 3-8 IEC 61089 推荐的导线尺寸及导线性能表——JL/G1 A、JL/G1B、JL/G2A、JL/G2B、JL/G3A 钢芯铝绞线对应的标称钢线单线直径

标称截面积（铝/钢）	钢线单线直径（mm）	标称截面积（铝/钢）	钢线单线直径（mm）
16/3	1.84	500/65	3.43
25/4	2.30	560/40	2.65
40/6	2.91	560/70	2.18
65/10	3.66	630/45	2.81
100/17	4.61	630/80	2.31
125/7	2.97	710/50	2.99
125/20	1.92	710/90	2.45
160/9	3.36	800/35	2.51
160/26	2.18	800/65	3.48
200/11	3.76	800/100	2.61
200/32	2.43	900/40	2.66
250/25	2.11	900/75	3.69
250/40	2.72	1000/45	2.80
315/22	1.99	1120/50	1.78
315/50	3.05	1120/90	2.47
400/28	2.24	1250/50	1.88
400/50	3.07	1250/100	2.61
450/30	2.38	—	—
450/60	3.26	—	—
500/35	2.51	—	—

表 3-9 国内常用规格的导线尺寸及导线性能表——JL/G1A 钢芯铝绞线对应的标称钢线单线直径

标称截面积（铝/钢）	钢线单线直径（mm）	标称截面积（铝/钢）	钢线单线直径（mm）
10/2	1.50	120/7	2.90
16/3	1.85	120/20	1.85
35/6	2.72	120/25	2.10
50/8	3.20	120/70	3.60
50/30	2.32	150/8	3.20
70/10	3.80	150/20	1.85
70/40	2.72	150/25	2.10
95/15	1.67	150/35	2.50
95/20	1.85	185/10	3.60
95/55	3.20	185/25	2.10

续表

标称截面积（铝/钢）	钢线单线直径（mm）	标称截面积（铝/钢）	钢线单线直径（mm）
185/30	2.32	300/40	2.66
185/45	2.80	300/50	2.98
210/10	3.80	300/70	3.60
210/25	2.22	400/20	1.95
210/35	2.50	400/25	2.22
210/50	2.98	400/35	2.50
240/30	2.40	400/65	3.44
240/40	2.66	400/95	2.50
240/55	3.20	500/45	2.80
300/15	1.67	630/55	3.20
300/20	1.95	800/55	3.20
300/25	2.22	800/70	3.60

表 3-10　　　　**G1A**　型

标称直径 *D*（mm）		直径偏差（mm）
大于	小于或等于	
1.24	2.25	±0.03
2.25	2.75	±0.04
2.75	3.00	±0.05
3.00	3.50	±0.05
3.50	4.25	±0.06
4.25	4.75	±0.06
4.75	5.50	±0.07

表 3-11　　　　**G1B**　型

标称直径 *D*（mm）		直径偏差（mm）
大于	小于或等于	
1.24	2.25	±0.05
2.25	2.75	±0.06
2.75	3.00	±0.06
3.00	3.50	±0.07
3.50	4.25	±0.09
4.25	4.75	±0.10
4.75	5.50	±0.11

表 3-12　　　　　　　　　　　　G2A　型

标称直径 *D*（mm）		直径偏差（mm）
大于	小于或等于	
1.24	2.25	±0.03
2.25	2.75	±0.04
2.75	3.00	±0.05
3.00	3.50	±0.05
3.50	4.25	±0.06
4.25	4.75	±0.06
4.75	5.50	±0.07

表 3-13　　　　　　　　　　　　G2B　型

标称直径 *D*（mm）		直径偏差（mm）
大于	小于或等于	
1.24	2.25	±0.05
2.25	2.75	±0.06
2.75	3.00	±0.06
3.00	3.50	±0.07
3.50	4.25	±0.09
4.25	4.75	±0.10
4.75	5.50	±0.11

表 3-14　　　　　　　　　　　　G3A　型

标称直径 *D*（mm）		直径偏差（mm）
大于	小于或等于	
1.24	2.25	±0.03
2.25	2.75	±0.04
2.75	3.00	±0.05
3.00	3.50	±0.05
3.50	4.25	±0.06
4.25	4.75	±0.06
4.75	5.50	±0.07

表 3-15　　Q/GDW 13236.5—2014 中的钢线单线直径

规 格 型 号	标称钢线直径（mm）	钢线直径偏差（mm）
1×7-7.8-1270-B（GJ-35）	2.60	±0.08
1×7-8.7-1270-B（GJ-50）	2.90	±0.08
1×7-9.0-1270-B（GJ-50）	3.00	±0.08
1×19-9.0-1270-B（GJ-50）	1.80	±0.06
1×7-10.5-1270-B（GJ-70）	3.50	±0.10
1×19-11.0-1270-B（GJ-70）	2.20	±0.06
1×7-11.4-1270-B（GJ-80）	3.80	±0.10
1×19-11.5-1270-B（GJ-80）	2.30	±0.06
1×19-13.0-1270-B（GJ-100）	2.60	±0.08
1×19-13.0-1370-B（GJ-100）	2.60	±0.08
1×19-14.5-1270-B（GJ-120）	2.90	±0.08
1×19-14.5-1370-B（GJ-120）	2.90	±0.08
1×19-16.0-1370-B（GJ-150）	3.20	±0.08
1×19-17.5-1370-B（GJ-180）	3.50	±0.10

七、案例分析

1. 案例概况

型号为 JL/G1A-400/35-54/7 的钢芯铝绞线的铝线截面积——最大偏差值与测量平均值之比项目不合格。

2. 不合格现象描述

试验过程：铝线标称截面积为 400mm²，铝线单丝直径标称值为 3.07mm，铝线根数 54 根，单丝直径测的 4 个结果为 3.10mm，带入允许偏差后，最大值为 3.10mm，所以铝线单丝直径符合标准要求，但是：$(3.10/2)^2 \times \pi \times 54 \approx 407.575$，取 408mm²，铝线截面积最大偏差值与测量平均值之比为$\{(408-400)/[(408+408+408+408)/4]\} \times 100\% \approx 1.961\%$，结果取 2.0%，超出标准要求。

重新取样重复该试验，结果不变，试验结果确认。

3. 不合格原因分析

铝线单丝直径合格，铝线截面积项目不一定就合格。主要是因为铝单丝虽然直径合格，但是都达到了上限值。生产企业在生产时，可能是生产过程中导体拉丝环节以及导体绞合环节未对单线直径进行有效控制。

第二节　绞线表面质量项目和绞合质量项目

一、概述

1. 试验目的

绞线表面质量项目能反映出导线的生产工艺水平，以及包装、运输、储存过程中的防护水平，表面质量缺陷会影响产品结构耐久性能。绞线绞合质量项目主要考核导线成缆后绞合结构的紧密程度和稳定性能，绞合质量的好坏能反映产品质量的稳定性。以上试验属于抽样试验。

2. 试验依据

GB/T 1179—2008《圆线同心绞架空导线》

3. 主要参数及定义

（1）正常视力：正常视力是指 1.0/1.0，必要时，可用眼镜校正。

（2）与良好的商品不相称的任何缺陷：与良好的商品不相称的任何缺陷是指影响产品性能的缺陷，在表面质量检查中，特指用正常视力能够发现的缺陷情况。比如：表面划痕，会影响钢芯铝绞线的电力传输；表面压痕会影响产品的结构，是钢芯铝绞线的产品会影响电力传输，是钢芯铝绞线或镀锌钢绞线的产品严重的还会影响到自身的承载；表面发黑是导线氧化严重所致，钢芯铝绞线产品会影响到导线的电力传输等。

二、试验前准备

1. 试验装备与环境要求

绞线表面质量和绞合质量试验仪器设备如表 3-16 所示。

表 3-16　　绞线表面质量和绞合质量试验仪器设备

仪器设备名称	参数及精度要求
砂轮切割机	—

试验时的环境温度一般为 10～35℃。目测观察应在视线良好的环境下进行。

2. 试验前的检查

（1）检查绞线表面是否光洁、确认外观完整，无损坏碰伤。

（2）检查绞线的绞合状态是否保持初始状态。

三、试验过程

1. 试验方法

（1）表面质量。正常视力目测观察。

（2）绞合质量。用切割工具将样品切断，检查每层单线是否紧密地绞合在下层中心线芯或内绞层上，切断时各线端是否保持在原位或容易用手复位。

四、注意事项

（1）注意外观检查，避免人为机械损伤引起的误判。

（2）切割样品时，切割点两端先用扎带扎好，切断后再解开扎带，防止切割过程中影响到对试验结果的判断。

（3）使用切割设备时，应注意人身安全。

五、试验后的检查

（1）检查原始记录信息，如环境温度、空气相对湿度、试验条件、试验数据等。

（2）绞合质量测试时，线端不能保持在原位，但是容易用手复位，属于合格情况。

六、结果判定

绞线表面质量和绞合质量试验结果判定依据如表 3-17 所示。

表 3-17　　绞线表面质量和绞合质量试验结果判定依据

试验项目	不合格现象	结果判定依据
绞合质量	绞合不紧密，切开后，样品发生松散，无法轻易地复位	每层单线应均匀紧密地绞合在下层中心线芯或内绞层上，切断时各线端应保持在原位或容易用手复位
表观质量	样品表面有影响产品性能的划痕、压痕等	不应有肉眼可见的缺陷，如明显的划痕、压痕等，并不得有与良好的商品不相称的任何缺陷

七、案例分析

1. 案例概况

钢芯铝绞线的型号为 JL/G1A-16/3-6/1，表面质量不达标，表面出现严重发黑。

2. 不合格现象描述

试验过程：样品表面经正常视力检查，外表发黑，氧化严重，影响了产品的性能，如图 3-1 所示。

图 3-1　样品表面

3. 不合格原因分析

在高热潮湿的地区，产品存储时，需要注意防潮。

第三节　绞线线密度试验

一、概述

1. 试验目的

线密度试验考核导线的单位长度质量，在实际敷设过程中是对导线的张力产生重要影响的因素之一。此试验属于抽样试验。

2. 试验依据

GB/T 1179—2008《圆线同心绞架空导线》

Q/GDW 13236.5—2014《导、地线采购标准　第5部分：镀锌钢绞线专用技术规范》

3. 主要参数及定义

线密度：各种尺寸和绞合结构的导线的单位长度质量。

二、试验前准备

1. 试验装备与环境要求

绞线线密度试验仪器设备见表3-18。

表3-18　　绞线线密度试验仪器设备

仪器设备名称	参数及精度要求
天平	质量：精度±0.1%
钢直尺	长度：最小分度值1mm

试验时的环境温度一般为10～35℃。

2. 试验前的检查

（1）检查导线所取试样两端是否完整平齐，表面是否有扎带等其他物品。

（2）检查测试仪器设备精度是否符合标准要求，运行状态是否正常，是否在校准期。

三、试验过程

1. 试验原理和接线

试验原理：截取适当长度的试样，样品长度测量如图2-2所示，称其重量，样品称重测量如图2-3所示，试样重量除以试样的长度等于试样的单位长度质量，即试样的线密度。

2. 试验方法

（1）截取适当长度的试样，试样两端可用扎带或其他合适方式扎紧，防止试样松散，截取时应沿垂直于样品的轴线方向切割，并保持切口光滑平整。

（2）使用精度为±0.1%的钢直尺测量样品的长度，将样品放在水平桌面上，使钢直尺的零刻度处对准样品一端，读取试样另一端所对应的刻度，即为样品长度L，精确到1mm。

（3）去除试样上的扎带或其他物品，将试样表面的油污、粉尘等擦拭干净。

（4）使用精度为±0.1%的天平称取样品质量，天平清零后将试样水平放置于天平托盘上，避免试样接触除托盘外其他任何物品，待天平上显示数值稳定时读取数值，即为样品的质量M，精确到0.1g。

（5）线密度

$$\rho=\frac{M}{L}\times10^3 \tag{3-3}$$

式中　ρ ——线密度，kg/km，修约到1位小数；

M ——样品的质量，g；

L ——样品的长度，mm。

四、注意事项

（1）注意避免试样两端不平齐，造成试样长度测量偏差。

（2）注意避免试样表面有油污、粉尘等，造成试样重量称量不准确。

（3）注意天平应进行试验前校准。

五、试验后的检查

（1）检查原始记录信息，如环境温度、空气相对湿度、试验条件、试验数据等。

（2）检查试样外观是否完整无损伤。

（3）核查计算修约过程和单位换算是否正确。

六、结果判定

绞线线密度试验结果判定依据如表3-19～表3-21所示。

表3-19　　绞线线密度试验结果判定依据

试验项目	序号	不合格现象	结果判定依据
线密度	1	超出标称值的±2%	钢芯铝绞线不大于标称值的±2%（标称值见表3-20、表3-21）
	2	—	镀锌钢绞线（Q/GDW 13236.5—2014）不作判定（实测）

表3-20　　JL/G1A、JL/G1B、JL/G2A、JL/G2B、JL/G3A钢芯铝绞线（IEC 61089推荐的导线尺寸）

标称截面积（铝/钢）（mm^2）	线密度（kg/km）	标称截面积（铝/钢）（mm^2）	线密度（kg/km）	标称截面积（铝/钢）（mm^2）	线密度（kg/km）
16/3	64.6	315/22	1039.6	710/90	2666.8
25/4	100.9	315/50	1269.7	800/35	2480.2
40/6	161.5	400/28	1320.1	800/65	2732.7
65/10	254.4	400/50	1510.3	800/100	3004.2
100/17	403.8	450/30	1485.2	900/40	2790.2
125/7	397.9	450/60	1699.1	900/75	3074.2
125/20	503.9	500/35	1650.2	1000/45	3100.3
160/9	509.3	500/65	1887.9	1120/50	3464.9
160/26	644.9	560/40	1848.2	1120/90	3811.5
200/11	636.7	560/70	2103.4	1250/50	3867.1
200/32	806.2	630/45	2079.2	1250/100	4253.9
250/25	880.6	630/80	2366.3		
250/40	1007.7	710/50	2343.2		

表 3-21　　JL/G1A 钢芯铝绞线（国内常用规格的导线尺寸）

标称截面积（铝/钢）（mm^2）	线密度（kg/km）	标称截面积（铝/钢）（mm^2）	线密度（kg/km）	标称截面积（铝/钢）（mm^2）	线密度（kg/km）
10/2	42.8	150/20	548.5	300/20	1000.8
16/3	65.1	150/25	600.1	300/25	1057.0
35/6	140.8	150/35	675.0	300/40	1131.0
50/8	194.8	185/10	583.3	300/50	1207.7
50/30	371.1	185/25	704.9	300/70	1399.6
70/10	274.8	185/30	731.4	400/20	1284.3
70/40	510.2	185/45	846.7	400/25	1293.5
95/15	380.2	210/10	649.9	400/35	1347.5
95/20	408.2	210/25	787.8	400/65	1608.7
95/55	706.1	210/35	852.5	400/95	1856.7
120/7	378.5	210/50	959.0	500/45	1685.5
120/20	466.1	240/30	920.7	630/55	2206.4
120/25	525.7	240/40	962.8	800/55	2687.5
120/70	893.7	240/55	1105.8	800/70	2787.6
150/8	460.9	300/15	938.7		

七、案例分析

1. 案例概况

型号为 JL/G1A-300/25-48/7 导线线密度测量，要求最大 1078.1kg/km，最小 1035.9kg/km。

2. 不合格现象描述

测量结果为 1022.8kg/km，原样复测结果为 1022.8kg/km，重新取样复测为 1024.7kg/km，判定导线的线密度试验项目不合格。

3. 不合格原因分析

（1）原材料问题：原材料单位质量偏小，杂质成分较多。

（2）加工工艺问题：单线直径偏小，导致成缆单位质量偏小；绞合节距偏大，导致成缆单位质量偏小。

第四节　单线抗张强度试验和伸长率试验

一、概述

1. 试验目的

单线抗张强度试验主要考核单线在静拉伸条件下的最大承载能力。单线伸长率试验是

表示单线均匀变形或稳定变形时的重要参数。抗张强度和伸长率的大小与材料性质、加工方法和热处理条件有关，能够直接体现单线质量的优劣程度和承受外力大小的程度。以上试验属于抽样试验。

2. 试验依据

GB/T 228.1—2010《金属材料　拉伸试验　第 1 部分：室温试验方法》

GB/T 1179—2008《圆线同心绞架空导线》

GB/T 3428—2012《架空绞线用镀锌钢线》

GB/T 4909.3—2009《裸电线试验方法　第 3 部分：拉力试验》

GB/T 5004—2012《镀锌钢绞线》

GB/T 17048—2009《架空绞线用硬铝线》

Q/GDW 13236.5—2014《导、地线采购标准　第 5 部分：镀锌钢绞线专用技术规范》

3. 主要参数及定义

（1）标距长度：在试验时的任一瞬间，测定试件伸长时的规定长度。

（2）原始标距长度 L_0：在试件变形前的标距长度。

（3）最终标距长度 L_h：在试件断裂后并且将断裂部分仔细地对合在一起使之处于一直线上的标距长度。

（4）最大力 F_m：在试验中试件承受的最大力。

（5）抗张强度 σ_b：最大力除以试件的原始横截面积，即相当于最大力时的应力。

（6）断裂后伸长率 δ_h：将断裂后标距长度的永久伸长 L_h-L_0 表示为原始标距长度 L_0 的百分数。

二、试验前准备

1. 试验装备与环境要求

单线抗张强度试验与伸长率试验仪器设备如表 3-22 所示。

表 3-22　单线抗张强度试验与伸长率试验仪器设备

仪器设备名称	参数及精度要求
拉力试验机	力值示值误差：±1%
钢直尺	长度最小分度值 1mm

试验时的环境温度一般为 10～35℃。

2. 试验前的检查

（1）检查单线表面是否有机械损伤（如明显的划痕、压痕等）。

（2）检查测试仪器设备精度是否符合标准要求，运行状态是否正常，是否在校准期内。

三、试验过程

1. 试验原理和接线

拉力试验机如图 3-2 所示力值的测量是经过测力传感器、扩大器和数据处理系统来完成测量。通过拉力试验机测量出单线承受的最大力，然后用最大力除以单线原始横截面积之商，得出最大力时的应力，即为单线的抗张强度。单线拉力试验安装如图 3-3 所示。

图 3-2　拉力试验机

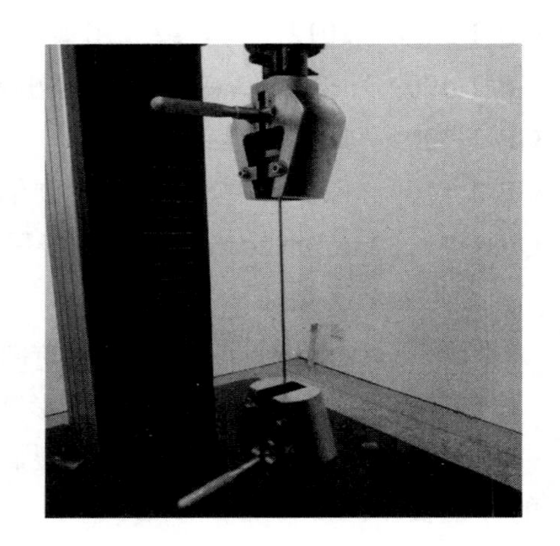

图 3-3　单线拉力试验安装

单线的伸长率是指单线在拉伸断裂后，原始标距长度的永久伸长与原始标距之比的百分率。

2. 试验方法

（1）取外观检查合格的样品，试件长度为原始标距长度加两倍钳口夹持长度，小心地用手工校直，必要时允许将试件放在木垫上用木槌轻轻敲直。

（2）在样品同一截面互成 90°的方向上用千分尺测量两次，取两次测量值的平均值作为样品的直径 d（mm），取两位小数。

（3）通过公式计算出样品的截面积 S（mm^2），修约到一位小数，计算公式为

$$S = \pi \times (d/2)^2 \tag{3-4}$$

（4）在平直的试件中部标出原标距长度 L_0（mm），原始标距长度 L_0 应符合产品标准的规定，一般为 250mm 或 200mm。

（5）将试件夹持在试验机的钳口内，加紧后试件的位置应保证试件的纵轴与拉伸的中心线重合。

（6）启动拉力试验机，加载应平稳，速度均匀，无冲击，GB/T 1179—2008 中要求拉伸速度应为 25～100mm/min。

（7）当试件被拉伸断裂后，存储或记录最大负荷（即最大力 F_m，N），取下试件将断口小心对齐，挤紧（如图 3-4 所示），测量并记录最终标距长度 L_h（mm）；

图 3-4　断口照片

（8）通过公式计算出抗张强度σ_b（MPa），精确到 1MPa，计算公式为

$$\sigma_b = \frac{F_m}{S} \quad (3\text{-}5)$$

（9）通过公式计算出断裂后伸长率$\boldsymbol{\delta_h}$（%），修约到一位小数，计算公式为

$$\boldsymbol{\delta_h} = (L_h - L_0)/L_0 \times 100 \quad (3\text{-}6)$$

四、注意事项

（1）注意取样时避免试样受到拉伸、扭转、弯曲或其他机械损伤。

（2）注意拉力试验机使用夹具不能太紧，以免损伤试样和夹具。

（3）注意进行伸长率试验时，试件的断口应在标距之内。

五、试验后的检查

（1）检查原始记录信息，如环境温度、空气相对湿度、试验条件、试验数据等。

（2）检查制样过程是否对样品表面有人为损伤。

（3）核查计算小数点位数和单位换算是否正确。

六、结果判定

单线抗张强度试验与伸长率试验结果判定依据如表 3-23～表 3-32 所示。

表 3-23　　单线抗张强度试验与伸长率试验结果判定依据

序号	试验项目	不合格现象	结果判定依据
1	钢芯铝绞线铝线抗张强度	小于标称值的 95%	不小于绞前抗拉强度标称值的 95%（见表 3-26）
2	钢芯铝绞线镀锌钢线抗张强度	小于标称值的 95%	不小于绞前抗拉强度标称值的 95%（见表 3-27～表 3-31）
3	钢芯铝绞线镀锌钢线伸长率	小于标称值	不小于标称值（见表 3-27～表 3-31）
4	镀锌钢绞线镀锌钢线抗张强度	小于标称值	不小于标称值（见表 3-32）
5	镀锌钢绞线镀锌钢线伸长率	小于标称值	不小于标称值（见表 3-32）

表 3-24 JL/G1A、JL/G1B、JL/G2A、JL/G2B、JL/G3A 钢芯铝绞线（IEC 61089 推荐的导线尺寸）单线标称直径（GB/T 1179—2008）

标称截面积（铝/钢）（mm^2）	铝单线直径（mm）	钢单线直径（mm）	标称截面积（铝/钢）（mm^2）	铝单线直径（mm）	钢单线直径（mm）
16/3	1.84	1.84	500/35	3.76	2.51
25/4	2.30	2.30	500/65	3.43	3.43
40/6	2.91	2.91	560/40	3.98	2.65
55/10	3.66	3.66	560/70	3.63	2.18
100/17	4.61	4.61	630/45	4.22	2.81
125/7	2.97	2.97	630/80	3.85	2.31
125/20	2.47	1.92	710/50	4.48	2.99
160/9	3.36	3.36	710/90	4.09	2.45
160/26	2.80	2.18	800/35	3.76	2.51
200/11	3.76	3.76	800/65	3.48	3.48
200/32	3.13	2.43	800/100	4.34	2.61
250/25	3.80	2.11	900/40	3.99	2.66
250/40	3.50	2.72	900/75	3.69	3.69
315/22	2.99	1.99	1000/45	4.21	2.80
315/50	3.93	3.05	1120/50	4.45	1.78
400/28	3.36	2.24	1120/90	4.12	2.47
400/50	3.07	3.07	1250/50	4.70	1.88
450/30	3.57	2.38	1250/100	4.35	2.61
450/60	3.26	3.26			

表 3-25 JL/G1A 钢芯铝绞线（国内常用规格的导线尺寸）单线标称直径（GB/T 1179—2008）

标称截面积（铝/钢）（mm^2）	单线直径（mm）		标称截面积（铝/钢）（mm^2）	单线直径（mm）	
	铝	钢		铝	钢
10/2	1.50	1.50	120/20	2.38	1.85
16/3	1.85	1.85	120/25	4.72	2.10
35/6	2.72	2.72	120/70	3.60	3.60
50/8	3.20	3.20	150/8	3.20	3.20
50/30	2.32	2.32	150/20	2.78	1.85
70/10	3.80	3.80	150/25	2.70	2.10
70/40	2.72	2.72	150/35	2.50	2.50
95/15	2.15	1.67	185/10	3.60	3.60
95/20	4.16	1.85	185/25	3.15	2.10
95/55	3.20	3.20	185/30	2.98	2.32
120/7	2.90	2.90	185/45	2.80	2.80

续表

标称截面积（铝/钢）（mm^2）	单线直径（mm）		标称截面积（铝/钢）（mm^2）	单线直径（mm）	
	铝	钢		铝	钢
210/10	3.80	3.80	300/50	3.83	2.98
210/25	3.33	2.22	300/70	3.60	3.60
210/35	3.22	2.50	400/20	3.51	1.95
210/50	2.98	2.98	400/25	3.33	2.22
240/30	3.60	2.40	400/35	3.22	2.50
240/40	3.42	2.66	400/65	4.42	3.44
240/55	3.20	3.20	400/95	4.16	2.50
300/15	3.00	1.67	500/45	3.60	2.80
300/20	2.93	1.95	630/55	4.12	3.20
300/25	2.85	2.22	800/55	4.80	3.20
300/40	3.99	2.66	800/70	4.63	3.60

表 3-26　　　　　铝线的抗张强度标称值（GB/T 17048—2009）

铝线标称直径 d（mm）	抗拉强度最小值（MPa）
$d=1.25$	200
$1.25<d\leqslant1.50$	195
$1.50<d\leqslant1.75$	190
$1.75<d\leqslant2.00$	185
$2.00<d\leqslant2.25$	180
$2.25<d\leqslant2.50$	175
$2.50<d\leqslant3.00$	170
$3.00<d\leqslant3.50$	165
$3.50<d\leqslant5.00$	160

注　1．不同尺寸的钢芯铝绞线铝线标称直径见表 3-24 和表 3-25 中相应数值。

　　2．钢芯铝绞线铝线抗张强度不小于标称值的 95%。

表 3-27　　　G1A 镀锌钢线的抗张强度及伸长率标称值（GB/T 3428—2012）

标称直径 d（mm）	抗拉强度最小值（MPa）	伸长率最小值（%）
$1.24<d\leqslant2.25$	1340	3.0
$2.25<d\leqslant2.75$	1310	3.0
$2.75<d\leqslant3.00$	1310	3.5
$3.00<d\leqslant3.50$	1290	3.5
$3.50<d\leqslant4.25$	1290	4.0
$4.25<d\leqslant4.75$	1290	4.0
$4.75<d\leqslant5.50$	1290	4.0

注　1．不同尺寸的钢芯铝绞线钢线标称直径见表 3-24 和表 3-25 中相应数值。

　　2．伸长率最小值是对 250mm 标距而言。若采用其他标距，则这些数值应使用 650/（标距+400）这个系数进行校正。

　　3．钢芯铝绞线钢线抗张强度不小于标称值的 95%。

表 3-28　G1B 镀锌钢线的抗张强度及伸长率标称值（GB/T 3428—2012）

标称直径 *d*（mm）	抗拉强度最小值（MPa）	伸长率最小值（%）
1.24＜*d*≤2.25	1240	4.0
2.25＜*d*≤2.75	1210	4.0
2.75＜*d*≤3.00	1210	4.0
3.00＜*d*≤3.50	1190	4.0
3.50＜*d*≤4.25	1190	4.0
4.25＜*d*≤4.75	1190	4.0
4.75＜*d*≤5.50	1190	4.0

注　1．不同尺寸的钢芯铝绞线钢线标称直径见表 3-24 和表 3-25 中相应数值。

2．伸长率最小值是对 250mm 标距而言。若采用其他标距，则这些数值应使用 650/（标距+400）这个系数进行校正。

3．钢芯铝绞线钢线抗张强度不小于标称值的 95%。

表 3-29　G2A 镀锌钢线的抗张强度及伸长率标称值（GB/T 3428—2012）

标称直径 *d*（mm）	抗拉强度最小值（MPa）	伸长率最小值（%）
1.24＜*d*≤2.25	1450	2.5
2.25＜*d*≤2.75	1410	2.5
2.75＜*d*≤3.00	1410	3.0
3.00＜*d*≤3.50	1410	3.0
3.50＜*d*≤4.25	1380	3.0
4.25＜*d*≤4.75	1380	3.0
4.75＜*d*≤5.50	1380	3.0

注　1．不同尺寸的钢芯铝绞线钢线标称直径见表 3-24 和表 3-25 中相应数值。

2．伸长率最小值是对 250mm 标距而言。若采用其他标距，则这些数值应使用 650/（标距+400）这个系数进行校正。

3．钢芯铝绞线钢线抗张强度不小于标称值的 95%。

表 3-30　G2B 镀锌钢线的抗张强度及伸长率标称值（GB/T 3428—2012）

标称直径 *d*（mm）	抗拉强度最小值（MPa）	伸长率最小值（%）
1.24＜*d*≤2.25	1380	2.5
2.25＜*d*≤2.75	1340	2.5
2.75＜*d*≤3.00	1340	3.0
3.00＜*d*≤3.50	1340	3.0
3.50＜*d*≤4.25	1280	3.0
4.25＜*d*≤4.75	1280	3.0
4.75＜*d*≤5.50	1280	3.0

注　1．不同尺寸的钢芯铝绞线钢线标称直径见表 3-24 和表 3-25 中相应数值。

2．伸长率最小值是对 250mm 标距而言。若采用其他标距，则这些数值应使用 650/（标距+400）这个系数进行校正。

3．钢芯铝绞线钢线抗张强度不小于标称值的 95%。

表 3-31　　G3A 镀锌钢线的抗张强度及伸长率标称值（GB/T 3428—2012）

标称直径 d（mm）	抗拉强度最小值（MPa）	伸长率最小值（%）
1.24＜d≤2.25	1620	2.0
2.25＜d≤2.75	1590	2.0
2.75＜d≤3.00	1590	2.5
3.00＜d≤3.50	1550	2.5
3.50＜d≤4.25	1520	2.5
4.25＜d≤4.75	1520	2.5
4.75＜d≤5.50	1500	2.5

注　1. 不同尺寸的钢芯铝绞线钢线标称直径见表 3-24 和表 3-25 中相应数值。
2. 伸长率最小值是对 250mm 标距而言。若采用其他标距，则这些数值应使用 650/（标距+400）这个系数进行校正。
3. 钢芯铝绞线钢线抗张强度不小于标称值的 95%。

表 3-32　　镀锌钢绞线单线的抗张强度及伸长率标称值（Q/GDW 13236.5—2014）

规格型号	抗拉强度最小值（MPa）	伸长率最小值（%）
1×7-7.8-1270-B（GJ-35）	1270	3.0
1×7-8.7-1270-B（GJ-50）	1270	4.0
1×7-9.0-1270-B（GJ-50）	1270	4.0
1×19-9.0-1270-B（GJ-50）	1270	3.0
1×7-10.5-1270-B（GJ-70）	1270	4.0
1×19-11.0-1270-B（GJ-70）	1270	3.0
1×7-11.4-1270-B（GJ-80）	1270	4.0
1×19-11.5-1270-B（GJ-80）	1270	3.0
1×19-13.0-1270-B（GJ-100）	1270	3.0
1×19-13.0-1370-B（GJ-100）	1370	3.0
1×19-14.5-1270-B（GJ-120）	1270	3.0
1×19-14.5-1370-B（GJ-120）	1370	3.0
1×19-16.0-1370-B（GJ-150）	1370	4.0
1×19-17.5-1370-B（GJ-180）	1370	4.0

注　伸长率最小值是对 200mm 标距而言。

七、案例分析

1. 案例概况

型号规格为 JL/G1A-240/30-24/7 的铝线单线，抗张强度试验要求最小 152MPa。

2. 不合格现象描述

测量结果为 144MPa，重新取样复测为 142MPa，每次试验试样断裂处都接近试样中间位置，判定铝单线抗张强度试验项目不合格。

3. 不合格原因分析

（1）原材料问题：可能原材料质量不好，含杂质较多。

（2）加工工艺问题：可能是生产过程拉丝以及绞合工序中质量未控制好。

（3）试验方法问题：如取样时造成材料损伤，或未避开有缺陷的部位，造成试验不合格，此时应重新取样进行试验。

第五节　镀锌钢线卷绕试验及锌层附着性试验

一、概述

1. 试验目的

架空敷设的电缆，长期受自身重力和来自电缆支架两端的径向张力作用，为防止电缆在使用过程中拉伸变形或断裂，要求其组成材料具备一定的强度和韧性，钢芯铝绞线、镀锌钢绞线等产品中的钢线就能起到以上作用，卷绕试验是一种考核钢线韧性的试验方法。锌层附着性试验是考核卷绕时镀锌层表面是否出现开裂、起皮现象，若附着性能不好，钢线表面就会氧化生锈，从而减少镀锌钢线的使用寿命。以上试验属于抽样试验。

2. 试验依据

GB/T 1179—2008《圆线同心绞架空导线》

GB/T 2976—2004《金属材料线材缠绕试验方法》

GB/T 3428—2012《架空绞线用镀锌钢线》

GB/T 5004—2012《镀锌钢绞线》

3. 主要参数及定义

（1）卷绕试验：是将线材试样在符合相关标准规定直径的芯棒上，紧密缠绕规定螺旋圈数。

（2）锌层附着性：从每个镀锌钢线上截取一个试件，以一定的速度在圆形芯轴上紧密卷绕 8 圈，从而检查镀锌层的表面质量。

二、试验前准备

1. 试验装备与环境要求

镀锌钢线卷绕试验及锌层附着性试验仪器设备如表 3-33 所示。

表 3-33　　镀锌钢线卷绕试验及锌层附着性试验仪器设备

仪器设备名称	参数及精度要求
线材卷绕扭转试验机	（1）夹具的夹块硬度不应小于 55HRC，两个夹头应保持在同一轴线上； （2）设备的一个夹头应能绕试样轴线旋转，而另一个不得有任何转动；

续表

仪器设备名称	参数及精度要求
线材卷绕扭转试验机	（3）试验机夹头间的距离应可以调节； （4）设备的转速应可调节，转速应均匀稳定； （5）设备应配备能自动记录扭转次数的装置
千分尺	精度±0.001mm

试验在10～35℃的室温下进行。

2. 试验前的检查

（1）检查设备齿轮等机械传动装置，确保部件完好并润滑。

（2）启动电源，检查设备传动皮带是否完好并能正常使用。

（3）在切取试样时，应注意避免表面损伤。不得使用局部有明显损伤的试样。

三、试验过程

1. 试验原理和接线

样品按1倍外径进行卷绕试验，如图3-5所示，样品按多倍外径进行卷绕试验，如图3-6所示。

图3-5　样品按1倍外径进行卷绕试验

图3-6　样品按多倍外径进行卷绕试验

2. 试验方法

（1）卷绕试验。

1）GB/T 3428—2012中10.4.3的规定，从每个镀锌钢线试样上截取一个试件，以不超过15r/min的速度在芯轴上紧密卷绕8圈，镀锌钢线应不断裂。试验条件如表3-34所示。

表3-34　卷绕试验芯棒直径和卷绕圈数

钢丝强度等级	钢丝公称直径 d（mm）	缠绕芯棒直径（mm）	卷绕圈数
1级强度	＞1.24，≤5.50	1d	8圈
2级强度	＞1.24，≤2.75	3d	
	＞2.75，≤5.50	4d	

续表

钢丝强度等级	钢丝公称直径 *d*（mm）	缠绕芯棒直径（mm）	卷绕圈数
3 级强度	＞1.24，≤5.50	4*d*	8 圈
4 级强度	＞1.24，≤4.75	4*d*	
5 级强度	＞1.24，≤4.75	4*d*	

2）GB/T 2976—2004 规定，试样在每秒不超过 1 圈（60r/min）的恒定速度沿螺旋线方向紧密缠绕在芯棒上。必要时，可减慢缠绕速度，以防止温度升高而影响试验结果。为确保缠绕紧密，缠绕时可在试样自由端施加不超过试件公称抗拉强度相应力值 5%的拉紧力。试验条件如表 3-35 所示。

表 3-35　　卷绕试验芯棒直径和卷绕圈数

钢丝公称直径 *d*（mm）	缠绕芯棒直径（mm）	卷绕圈数
1.0～1.8	8*d*	6 圈
2.0～4.0	10*d*	

（2）锌层附着性试验。GB/T 3428—2012 中 11.4 的规定，从每个镀锌钢线上截取一个试件，样品长度约 1m，以 15r/min 的速度在圆形芯轴上紧密卷绕 8 圈，镀锌钢线标称直径为 3.50mm 及以下时，芯轴直径为镀锌钢线标称直径的 4 倍；镀锌钢线标称直径为 3.50mm 以上时，芯轴直径为镀锌钢线标称直径的 5 倍。

四、注意事项

（1）注意切取试样时，应注意避免表面损伤，不得使用局部有明显损伤的试样。

（2）有中间接头的样品不应用于试验。

（3）镀层明显不均匀或有节瘤的样品不具有代表性，取样时应避免。

五、试验后的检查

（1）检查原始记录信息，如环境温度、空气相对湿度、试验条件、试验数据等。

（2）检查试品的外观状态是否有损伤。

（3）检查试验条件设置是否正确，如试棒直径、转速及拉紧力。

（4）必要时，对样品及试验过程进行拍照或视频留证。如拍摄样品卷绕试验从开始到结束的全过程，同时能反映试验日期、试验环境、卷绕速度等信息。拍摄含样品外径测量值及缠绕芯棒直径测量值照片、样品试验前后对比照片、缠绕试验后样品缺陷部位细节照片等。

六、结果判定

镀锌钢线卷绕试验及锌层附着性试验结果判定依据如表 3-36 所示。

表 3-36　　镀锌钢线卷绕试验及锌层附着性试验结果判定依据

序号	试验项目	不合格现象（从最严重到最轻微排列）	结果判定依据
1	卷绕试验	试样断裂	GB/T 3428—2012：试样应不断裂
2	卷绕试验	（1）试样断裂； （2）试样开裂，但未断裂； （3）镀层开裂或起皮	YB/T 5004—2012：镀层不得开裂或起层到用裸手指能够擦掉的程度
3	锌层附着性试验	镀层开裂或起皮	GB/T 3428—2012：镀锌层应牢固地附着在钢线上而不开裂，或用手指摩擦锌层不会产生脱落的起皮

七、案例分析

案例一

1．案例概况

JL/G1A-630/45-45/7 钢芯铝绞线，样品钢丝卷绕试验不合格。

2．不合格现象描述

标准要求，该产品缠绕试验速度不超过 15r/min，卷绕 8 圈，芯轴直径与钢线直径相同，样品应不断裂。实际试验结果为样品断裂，判定试验不合格。

3．不合格原因分析

（1）材质问题：如钢丝中含有夹杂物，破坏了金属的连续性，造成应力集中，影响材料韧性。

（2）加工工艺问题：如加工时造成钢丝表面有纵向细微裂纹，降低了材料的机械物理性能。

（3）试验方法问题：如取样时造成材料损伤，或未避开有缺陷的部位，造成试验不合格；缠绕速度过快等。如经确认不合格是由于试验方法不当造成，应重新取样进行试验。

（4）条件允许的情况下，建议对不合格样品重新取样进行复测。复测时可更换原试验人员或试验设备，试验结果以复测结果为准。

案例二

1．案例概况

型号为 JG1A-35-7 导线，标准要求锌层附着性为不开裂或不起皮。

2．不合格现象描述

测量结果为锌层开裂，重新取样复测结果为锌层开裂，判定锌层附着性试验项目不合格。

3．不合格原因分析

（1）镀锌之前钢线表面处理有问题，钢线基层没有清洗干净，内部氧化造成的。

（2）可能是在锌锅出来之后，因为喷嘴的原因造成镀锌板的锌层厚度控制不均匀。

（3）生产过程中镀锌液的温度过低，导致锌层附着较松，容易脱落。

第六节　镀锌钢线扭转试验

一、概述

1. 试验目的

架空敷设的电缆，长期受自身重力和来自电缆支架两端的径向张力作用，为防止电缆在使用过程中拉伸变形或断裂，要求其组成材料具备一定的强度和韧性，钢芯铝绞线、镀锌钢绞线等产品中的钢线就能起到以上作用，扭转试验是一种考核钢线韧性的试验方法。此试验属于抽样试验。

2. 试验依据

GB/T 239.1—2012《金属材料线材　第1部分：单向扭转试验方法》

GB/T 1179—2008《圆线同心绞架空导线》

GB/T 3428—2012《架空绞线用镀锌钢线》

GB/T 5004—2012《镀锌钢绞线》

3. 主要参数及定义

扭转试验：是将规定长度的单线试样，以其自身的轴线为中线，以规定的转速扭转，直至断裂或达到规定的扭转次数为止。

二、试验前准备

1. 试验装备与环境要求

镀锌钢线扭转试验仪器设备如表3-37所示。

表3-37　　镀锌钢线扭转试验仪器设备

仪器设备名称	参数及精度要求
线材卷绕扭转试验机	（1）夹具的夹块硬度不应小于55HRC，两个夹头应保持在同一轴线上； （2）设备的一个夹头应能绕试样轴线旋转，而另一个不得有任何转动； （3）试验机夹头间的距离应可以调节； （4）设备的转速应可调节，转速应均匀稳定； （5）设备应配备能自动记录扭转次数的装置

试验在10～35℃的室温下进行。

2. 试验前的检查

（1）检查设备齿轮等机械传动装置，确保部件完好并润滑。

（2）启动电源，检查设备传动皮带是否完好并能正常使用。

（3）启动电源，开机检查计数装置是否正常。

三、试验过程

1. 试验原理和接线

扭转试验设备及样品安装如图 3-7 所示，样品安装细节如图 3-8 所示。

图 3-7　扭转试验设备及样品安装

图 3-8　扭转试验样品安装细节

2. 试验方法

（1）试件制备：试样应尽可能是平直的，必要时可采用适当的方法对试样进行矫直，矫直时不得损伤试样表面，也不得扭曲试样。检查试样外观，应无机械损伤、接头或局部硬弯。试件标距长度为其标称直径的 100 倍（100d），试件长度为 100d 加上 2 倍夹持长度（夹持长度视具体设备而定），试件数量如表 3-38 所示。

表 3-38　　试　件　数　量

产品标准	试验方法标准	样品数量	备注
GB/T 1179—2008	GB/T 3428—2012	1 根	取中间芯
YB/T 5004—2012	GB/T 239.1—2012	3 根（1×3 结构）	全部
		4 根（1×7 结构）	外层 3 根，中心 1 根
		7 根（1×19 结构）	每层 3 根，中心 1 根
		10 根（1×37 结构）	每层 3 根，中心 1 根

（2）试验步骤：调整设备定位夹头，便两夹头间的距离等于原始标距长度。在定位夹头挂上砝码，砝码的重量应使试件所受的拉力不大于试件标称抗拉强度相应力值的 2%。装上试件，确保试件的轴线与夹具的轴线重合，夹紧夹具。启动试验机，按表 3-39 规定的转速单向扭转试件。

表 3-39　　扭 转 速 度 要 求

产品标准	方法标准	标称直径（mm）	扭转速度（r/min）
GB/T 1179—2008	GB/T 3428—2012	全部	≤60
YB/T 5004—2012	GB/T 239.1—2012	$0.1 \leqslant d < 1$	≤180
		$1 \leqslant d < 5$	≤60
		$5 \leqslant d \leqslant 10$	≤30

试件每旋转 360°为扭转一次，试验进行到完全断裂为止。

四、注意事项

（1）被试样品应平直，无任何机械损伤。

（2）有中间接头的样品不应用于试验。

（3）试件的轴线与夹具的轴线应保持重合。

（4）试验过程中，样品在夹具中不应打滑。

（5）若断裂点发生在夹具内，试验结果应作废，试验应重做。

五、试验后的检查

（1）检查原始记录信息，如环境温度、空气相对湿度、试验条件、试验数据等。

（2）检查试品的外观状态是否有损伤。

（3）检查试验条件设置是否正确，如样品长度、转速及拉紧力。

（4）必要时，对样品及试验过程进行拍照或视频留证。如拍摄样品扭转试验从开始到结束的全过程，同时能反映试验日期、试验环境、扭转速度、断裂时扭转次数等信息。拍摄含样品外径测量值及扭转试验两端头间距测量值照片、样品试验前后对比照片、断裂点位置照片等。

六、结果判定

扭转次数不应少于规定要求，具体如表 3-40 和表 3-41 所示。

表 3-40　　GB/T 1179—2008 标准产品

强度等级	结果判定依据
1 级强度	标称直径：＞1.24，≤2.25mm，扭转次数：≥18
	标称直径：＞2.25，≤3.00mm，扭转次数：≥16
	标称直径：＞3.00，≤3.50mm，扭转次数：≥14
	标称直径：＞3.50，≤5.50mm，扭转次数：≥12
2 级强度	标称直径：＞1.24，≤3.00mm，扭转次数：≥16
	标称直径：＞3.00，≤3.50mm，扭转次数：≥14
	标称直径：＞3.50，≤5.50mm，扭转次数：≥12
3 级强度	标称直径：＞1.24，≤2.75mm，扭转次数：≥14
	标称直径：＞2.75，≤3.50mm，扭转次数：≥12
	标称直径：＞3.50，≤5.50mm，扭转次数：≥10
4 级强度	标称直径：＞1.24，≤3.50mm，扭转次数：≥12
	标称直径：＞3.50，≤4.25mm，扭转次数：≥10
	标称直径：＞4.25，≤4.75mm，扭转次数：≥8

续表

强度等级	结果判定依据
5 级强度	标称直径：>1.24，≤3.50mm，扭转次数：≥12
	标称直径：>3.50，≤4.25mm，扭转次数：≥10
	标称直径：>4.25，≤4.75mm，扭转次数：≥8

表 3-41　　YB/T 5004—2012 标准产品

序号	公称抗拉强度（MPa）	结果判定依据
1	1270MPa	标称直径：1.00～1.70mm，扭转次数：≥18
		标称直径：1.80～2.60mm，扭转次数：≥16
		标称直径：2.80～4.00mm，扭转次数：≥14
2	13700 或 1470	标称直径：1.00～1.70mm，扭转次数：≥16
		标称直径：1.80～2.60mm，扭转次数：≥14
		标称直径：2.80～4.00mm，扭转次数：≥12
3	1570	标称直径：1.00～1.70mm，扭转次数：≥14
		标称直径：1.80～2.60mm，扭转次数：≥12
		标称直径：2.80～4.00mm，扭转次数：≥10
4	1670	标称直径：1.00～1.70mm，扭转次数：≥12
		标称直径：1.80～2.60mm，扭转次数：≥10
		标称直径：2.80～4.00mm，扭转次数：≥8

当试样的扭转次数达到规定值时，无论断裂位置如何，试验被认为有效。若试样扭转次数未达到规定值，且断裂处在夹头内或离夹头 2 倍直径范围内，则判定该试验无效，应重新取样进行复测。

七、案例分析

1. 案例概况

JL/G1A-630/45-45/7 钢芯铝绞线，样品钢丝扭转试验不合格。

2. 不合格现象描述

GB/T 1179—2008 要求，该产品扭转速度为不超过 60r/min，扭转次数不少于 16 次，实际试验结果为 9 次，判定试验不合格。

3. 不合格原因分析

（1）材质问题：如钢丝中含有夹杂物，破坏了金属的连续性，造成应力集中，影响材料韧性。

（2）加工工艺问题：如加工时造成钢丝表面有纵向细微裂纹，降低了材料的机械物理性能。

（3）试验方法问题：如取样时造成材料损伤，或未避开有缺陷的部位，造成试验不合格；实际扭转速度过快；两夹具间的距离小于标准要求等。如经确认不合格是由于试验方法不当造成，应重新取样进行试验。

（4）条件允许的情况下，建议对不合格样品重新取样进行复测。复测时可更换原试验人员或试验设备，试验结果以复测结果为准。

第七节　镀锌钢线单线1%伸长时应力

一、概述

1. 试验目的

镀锌钢线在使用工作中受到外界应力拉伸时的强度，1%伸长时应力不合格会影响钢线的抗拉强度，最终减少镀锌钢线的使用寿命。此试验属于抽样试验。

2. 试验依据

GB/T 1179—2008《圆线同心绞架空导线》

GB/T 3428—2012《架空绞线用镀锌钢线》

GB/T 17937—2012《电工用铝包钢线》

3. 主要参数及定义

1%伸长时的应力：在拉力机上对试件均匀地施加负荷，直到引伸仪指示出伸长了原始标距的1%为止。在该点记下负荷读数，并应将该负荷除以镀锌钢线截面积计算得出了1%伸长时应力值。

二、试验前准备

1. 试验装备与环境要求

镀锌钢线单线1%伸长时应力试验仪器设备如表3-42所示。

表3-42　　镀锌钢线单线1%伸长时应力试验仪器设备

仪器设备名称	参数及精度要求
电子数显外径千分尺	直径精度：±0.001mm
微机液压万能试验机	精度：±0.1kN
喋式引伸仪	精度：0.001mm

试验在10～35℃的室温下进行。

2. 试验前的检查

（1）检查测试仪器设备精度是否符合标准要求，运行状态是否正常。

（2）在切取试样时，应注意避免表面损伤。

3. 试验原理和接线

在拉力机上对试件均匀地施加负荷，直到引伸仪指示出伸长了原始标距的 1%为止。在该点记下负荷读数，并应将该负荷除以镀锌钢线截面积计算得出了 1%伸长时应力值。

三、试验方法

（1）GB/T 3428—2012 中 10.2 的规定，应将从每个试样上截取的一个试件在拉力试验机的夹头紧。按表 3-43 规定的相应初应力施加负荷，并按 250mm 标距安装引伸仪，然后调节到表 3-43 规定的起始值。（如果购买方与制造方达成协议，可使用 100mm 或 200 标距。此时，引伸仪的起始值应按表 3-43 规定的起始值乘以实际试验标距之比来校正）。如果试验后接着要求进行其他试验，则在施加负荷前应钢线上标出标距。

然后应均匀地增加负荷，直到引伸仪指示出伸长了原始标距的 1%为止。在该点记下负荷读数，并应将该负荷以镀锌钢线截面积（由实测直径计算）计算得出 1%伸长时的应力值。

表 3-43　　测定 1%伸长时的应力的初应力和引伸仪起始值

实测直径（mm）		初应力（MPa）	引伸仪起始值（250mm 标距）①
大于	小于或等于		
1.24	2.25	100	0.125
2.25	3.00	200	0.250
3.00	4.75	300	0.375
4.75	5.50	400	0.500

① 采用其他标距时，引伸仪起始值可采用标距/250mm 这一系数来校正。

（2）GB/T 17937—2009 中 6.3.6 的规定，试件应夹在拉力试验机的夹头内，施加表 3-44 规定的相应的初应力对应的负荷。置引伸仪于标距为 250mm，并按表 3-44 调整至相应的起始值。

然后均匀施加负荷，并根据该值和受力前成品线的直径计算 1%伸长时的应力。

表 3-44　　测定伸长时应力和断裂时总的伸长率起始值

标称直径（mm）		初应力（MPa）	引伸仪起始值（250mm 标距）
大于	小于或等于		
1.24	2.50	81.4	0.0005（0.05%伸长）
2.50	3.30	162	0.0010（0.10 伸长）
3.30	5.50	244	0.0015（0.15 伸长）

图 3-9　样品及设备安装照片

样品及设备安装如图 3-9 所示。

四、注意事项

（1）注意试验设备精度是否符合标准要求，运行状态是否正常。

（2）在切取试验样时，应注意避免表面损伤。

五、试验后的检查

（1）检查原始记录信息，如环境温度、空气相对湿度、试验条件、试验数据等。

（2）核查技术要求值和试验数据。

（3）核查计算修约过程和单位换算是否正确。

六、结果判定

GB/T 3428 规定：1%伸长时的应力不应小于表 3-45～表 3-49 相应栏的数值。

表 3-45　　**1 级强度镀锌钢线的 1%应力**

A 级镀锌层标称直径（mm）		A 级镀锌层 1%伸长时的应力最小值（MPa）	B 级镀锌层标称直径（mm）		B 级镀锌层 1%伸长时的应力最小值（MPa）
大于	小于或等于		大于	小于或等于	
1.24	2.25	1170	1.24	2.25	1100
2.25	2.75	1140	2.25	2.75	1070
2.75	3.00	1140	2.75	3.00	1070
3.00	3.50	1100	3.00	3.50	1000
3.50	4.25	1100	3.50	4.25	1000
4.25	4.75	1100	4.25	4.75	1000
4.75	5.50	1100	4.75	5.50	1000

表 3-46　　**2 级强度镀锌钢线的 1%应力**

A 级镀锌层标称直径（mm）		A 级镀锌层 1%伸长时的应力最小值（MPa）	B 级镀锌层标称直径（mm）		B 级镀锌层 1%伸长时的应力最小值（MPa）
大于	小于或等于		大于	小于或等于	
1.24	2.25	1310	1.24	2.25	1240
2.25	2.75	1280	2.25	2.75	1210
2.75	3.00	1280	2.75	3.00	1210
3.00	3.50	1240	3.00	3.50	1170
3.50	4.25	1170	3.50	4.25	1100
4.25	4.75	1170	4.25	4.75	1100
4.75	5.50	1170	4.75	5.50	1100

表 3-47　**3 级强度镀锌钢线的 1%应力**

A 级镀锌层标称直径（mm）		A 级镀锌层 1%伸长时的应力最小值（MPa）
大于	小于或等于	
1.24	2.25	1450
2.25	2.75	1410
2.75	3.00	1410
3.00	3.50	1380
3.50	4.25	1340
4.25	4.75	1340
4.75	5.50	1270

表 3-48　**4 级强度镀锌钢线的 1%应力**

A 级镀锌层标称直径（mm）		A 级镀锌层 1%伸长时的应力最小值（MPa）
大于	小于或等于	
1.24	2.25	1580
2.25	2.75	1580
2.75	3.00	1580
3.00	3.50	1550
3.50	4.25	1500
4.25	4.75	1480

表 3-49　**5 级强度镀锌钢线的 1%应力**

A 级镀锌层标称直径（mm）		A 级镀锌层 1%伸长时的应力最小值（MPa）
大于	小于或等于	
1.24	2.25	1600
2.25	2.75	1600
2.75	3.00	1580
3.00	3.50	1580
3.50	4.25	1550
4.25	4.75	1500

GB/T 17937—2009 规定：1%伸长时的应力不应小于表 3-50 相应栏的数值。

表 3-50　**铝包钢线的 1%应力**

标称直径 *d*（mm）		1%伸长时的应力最小值（MPa）	等级
大于	小于或等于		
2.25	3.00	1410	LB14
3.00	3.50	1380	
3.50	4.75	1340	
4.75	5.50	1270	

续表

标称直径 d（mm）		1%伸长时的应力最小值（MPa）	等级
大于	小于或等于		
1.24	3.25	1200	LB20
3.25	3.45	1180	
3.45	3.65	1140	
3.65	3.95	1100	
3.95	4.10	1100	
4.10	4.40	1070	
4.40	4.60	1030	
4.60	4.75	1000	
4.75	5.50	1000	LB20
1.24	5.50	1100	
2.50	5.00	980	LB23
2.50	5.00	800	LB27
2.50	5.00	650	LB30
2.50	5.00	590	LB35
2.50	5.00	500	LB40

七、案例分析

1. 案例概况

型号为JL/G1A-800/100-54/19钢芯铝绞线，标准要求1%伸长时的应力最小为最1140MPa。

2. 不合格现象描述

测量结果为1020MPa，重新取样复测结果为1030MPa，判定镀锌钢单线1%伸长时的应力试验项目不合格。

3. 不合格原因分析

（1）原材料问题：可能原材料质量不好，含杂质较多。

（2）加工工艺问题：可能是生产过程拉丝以及绞合工序中质量未控制好。

（3）试验方法问题：如取样时造成材料损伤，或未避开有缺陷的部位，造成试验不合格，此时应重新取样进行试验。

第八节　镀锌钢线锌层重量试验和锌层连续性试验

一、概述

1. 试验目的

锌层重量试验和锌层连续性试验考核镀锌钢线上的镀锌层的防腐蚀性和均匀性，防腐

蚀性差、锌层不均匀会减弱钢线的抗蚀能力导致钢丝生锈，氧化或出现裂缝的情况，从而会缩短钢绞的使用寿命。此试验属于抽样试验。

2. 试验依据

GB/T 1179—2008《圆线同心绞架空导线》

GB/T 1839—2008《钢产品镀锌层质量试验方法》

GB/T 3428—2012《架空绞线用镀锌钢线》

GB/T 5004—2012《镀锌钢绞线》

Q/GDW 13236.5—2014《导、地线采购标准　第 5 部分：镀锌钢绞线专用技术规范》

3. 主要参数及定义

（1）正常视力：正常视力是指 1.0/1.0，必要时，可用眼镜校正。

（2）镀锌层量：镀锌钢丝单位表面积上的镀锌层量。

二、试验前准备

1. 试验装备与环境要求

镀锌钢线锌层重量试验和锌层连续性试验仪器设备如表 3-51 所示。

表 3-51　　镀锌钢线锌层重量试验和锌层连续性试验仪器设备

仪器设备名称	精度要求
天平	±0.1%
钢直尺	1mm
电子数显外径千分尺	±0.001mm

2. 试验前的检查

（1）检查测试仪器设备精度是否符合标准要求，运行状态是否正常。

（2）在切取试样时，应注意避免表面损伤，不得使用局部有明显损伤的试样。

（3）检查配制锌层的溶液所需的化学用品是否在保质期内。

三、试验过程

1. 试验原理和接线

（1）锌层重量：将已知表面积上的镀锌层溶解于具有缓蚀作用的试验溶液中，称量试样在镀层溶解前后的质量，按称量的差值和试样面积计算出单位面积上的镀锌层质量。

（2）锌层连续性：目测观察镀锌层表面情况。

2. 试验方法

（1）锌层质量。

1）YB/5004—2012 中锌层质量试验方法 GB/T 1839—2008 规定，将 3.5g 化学纯六次甲基四胺（$C_6H_{12}N_4$）溶解于 500mL 浓盐酸（ρ=1.19g/mL）中，用蒸馏水或去离子水稀释

至 1000mL。试验溶液在能溶解镀锌层的条件下，可反复使用。钢丝试样长度按表 3-52 规定切取。

表 3-52　　　　样品试验长度

钢丝直径（mm）	试验长度（mm）
大于或等于 0.15～0.80	600
大于 0.80～1.50	500
大于 1.50	300

①拆开钢绞线后，用手校直钢丝，切取试样时，应注意避免表面损伤，不得使用局部有明显损伤的试样。再用化学纯无水乙醇将试样表面的油污、粉尘、水迹等清洗干净，然后充分烘干。

②天平先清零，然后用天平称量试样，记录数据。

③将试样浸没到试验溶液中，试验溶液的用量通常为每平方厘米试样表面积不少于 10mL。

④在室温条件下，试样完全浸没于溶液中，可翻动试样，直到镀层完全溶解，以氢气析出（剧烈冒泡）的明显停止作为溶解过程结束的判定。然后取出试样在流水中冲洗，必要时可用尼龙刷刷去可能吸附在试样表面的疏松附着物。最后用乙醇清洗，迅速干燥，也可用吸水纸将水分吸除，用热风快速吹干。

⑤天平先清零度，再称量试样，记录数据。

⑥称重后，钢丝直径的测量应在同一圆周上相互垂直的部位各测一次，取平均值，测量准确到 0.01mm。

计算：镀锌钢丝的单位面积上的镀锌量按以下公式计算，计算结果按 GB/T8170 规定修约，保留数位应与产品标准中标示的数位一致

$$M = \frac{m_1 - m_2}{m_2} \times D \times 1960 \tag{3-7}$$

式中　M——单位面积上的镀锌层质量，g/m^2；

m_1——试样镀锌层溶解前的质量，g；

m_2——试样镀锌层溶解后的质量，g。

2）依据 GB/T 3428—2012 中附录 B 规定：从每个镀锌钢线上载取一个试件，用手校直，用化学纯无水乙醇清洗，然后用一干净的软布擦干。天平先清零，称重试件。试件质量（g）应不小于其直径（mm）的 4 倍。为方便去镀锌层，可弯曲试件。

将试验件完全浸入适量的锌层溶解中除去镀锌层。锌层溶解液可重复使用，直到用来除去锌的时间相当长以至给试验带来不便时，才需添加氯化锑溶液。锌层溶解液的温度应始终不超过 40℃。

一次测定需要 100mL 锌层溶解液，注入直径 50mm、深 500mm 的玻璃容器中。在第

100mL 锌层溶解液中任何情况下浸入的试件数目不应超过 3 个。

镀锌钢线试件上激烈的化学反应一停止，试件应立即众酸中取出。用流动水彻底清洗并擦干。然后在互相垂直的方向上测量两次，取其平均值作为钢线的直径，修约到 0.01mm。最后称量除去镀锌层试件质量，精确到 0.01g。

①应采用下列试剂。

a）氯化锑溶液：将 20g 二氧化锑或 32g 三氯化锑溶解在 1000mL 盐酸中（密度为 1.16～1.18g/mL）。

b）盐酸（密度为 1.16～1.18g/mL）。

把 5mL 溶液 a）加入 100mL 溶液 b）中配制成锌层溶解液。

也可使用下列替代试剂：用 35g 环六甲基四胺［$(CH_2)_6N_4$］溶于 500mL 的浓盐酸（=1.19g/mL），用蒸馏水稀释至 1000mL。

②计算。除去镀锌层的钢线，单位表面积的镀锌层质量应按以下公式计算

$$m = 1950 \times d \times r \tag{3-8}$$

式中 m——除去镀锌层的钢线单位面积的镀锌层质量，g/m^2；

d——除去镀锌层后钢线直径，mm；

r——（原始质量–除去锌层后的质量）/除去锌层后质量。

（2）锌层连续性。从每个镀锌钢绞线上截取一个试件，用肉眼观察镀锌层应没有孔隙，裂纹或漏镀。

四、注意事项

（1）注意切取试样时，应注意避免表面损伤，不得使用局部有明显损伤的试样。

（2）注意试验设备精度是否达到要求。

（3）配置试验试剂时应注意人身安全。

五、试验后的检查

（1）检查原始记录信息，如环境温度、空气相对湿度、试验条件、试验数据等。

（2）核查钢线上镀锌层是否完全溶解掉。

（3）检查配制锌层的溶液所需的化学用品是否在保质期内。

六、结果判定

Q/GDW 13236.5—2014 中规定的锌层重量要求如表 3-53 所示。

GB/T 3428—2012 中规定的锌层质量要求如表 3-54 所示。

Q/GDW 13236.5—2014 规定，钢线表面应镀上均匀连续的锌层，不得有裂纹和漏镀。

GB/T 3428—2012 中 11.7 的规定，用肉眼观察镀锌层没有孔隙.镀锌层应较光洁、厚度均匀，并与良好的商品实践一致。

表 3-53　　　　镀锌钢线锌层质量

钢丝公称直径 d（mm）	锌层质量最小值（g/m^2）	钢丝公称直径 d（mm）	锌层质量最小值（g/m^2）
2.60	200	3.80	250
2.90	230	2.30	200
3.00	230	2.60	200
1.80	160	3.20	230
3.50	250	3.50	250
2.20	180		

表 3-54　　　　镀锌钢线锌层质量

钢丝公称直径 D（mm）		镀锌层单位面积质量最小值（g/m^2）	
大于	小于或等于	A 级	B 级
1.24	1.50	185	370
1.50	1.75	200	400
1.75	2.25	215	430
2.25	3.00	230	460
3.00	3.50	245	490
3.50	4.25	260	520
4.25	4.75	275	550
4.75	5.50	290	580

七、案例分析

案例一

1. 案例概况

型号规格为 1×19-11.5-1270-B（GJ-80），标准要求锌层质量最小为 200g/m^2。

2. 不合格现象描述

测量结果为 190g/m^2，重新取样复测结果为 189g/m^2，判定镀锌绞线锌层质量试验项目不合格。

3. 不合格原因分析

（1）工艺问题：可能是生产过程中镀锌层镀出现漏镀和不均匀现象。

（2）配溶解液失效已无法完全溶解掉锌层。

（3）配制锌层溶液所需的化学用品已失效不在保质期内。

案例二

1. 案例概况

型号规格为 1×19-11.5-1270-B（GJ-80），标准要求钢线表面应镀上均匀连续的锌层，

不得有裂纹和漏镀。

2. 不合格现象描述

测量结果为钢线镀锌层存在漏镀，重新取样复测结果为钢线镀锌层存在漏镀，判定锌层连续性试验项目不合格。

3. 不合格原因分析

（1）制造厂生产过程中镀锌层未镀锌均匀，漏镀。

（2）镀锌前酸洗不彻底，未能将外表浮锈彻底去除，这样极容易形成浮锈处缺锌然后导致镀锌层的不均匀。